*Liebe Eltern!*

Diese Lernhilfe soll Ihrem Kind helfen, das **Einmaleins** zu **verstehen** und zu **beherrschen**. Das Buch bietet eine **Vertiefung und Ergänzung** zu den in der Schule behandelten Lernstoffen.

Der **Schwierigkeitsgrad** der Aufgaben **steigert sich langsam und ist farblich gekennzeichnet:**

grün – leicht – für 2. Jahrgangsstufe
blau – mittel – für 3. Jahrgangsstufe
rot – schwierig – für Ende 3. Jahrgangsstufe

**Leicht verständliche Aufgabenstellungen, viele Beispielaufgaben** und **einfache Lösungskontrollen** ermöglichen **auch schwachen Schülern** mit diesem Buch **alleine** zu arbeiten.

In der Mitte des Übungsprogrammes befindet sich der **herausnehmbare Lösungsteil** mit **vollständigen Lösungen** und **ausführlichen Erklärungen**.

Mit der **Einmaleinstabelle** auf der vorletzten Seite können Sie die verschiedenen Einmaleinssätze mit Ihrem Kind **wiederholen**.

Viel Erfolg wünscht Ihre

*Liebe Schülerin, lieber Schüler!*

In diesem Büchlein findest du viele interessante und lustige Aufgaben. Du wirst bald sehen, dass du immer besser und sicherer wirst, je fleißiger du übst!

Bist du ein Rechenkönig?
In diesem Buch gibt es einige Rechenkönig-Aufgaben.
Für jede richtig gerechnete Rechenkönig-Aufgabe bekommst du eine Rechenkrone. Du darfst sie auf der vorletzten Seite in deiner Lieblingsfarbe ausmalen. Wie viele Rechenkronen kannst du sammeln?

Viel Freude dabei, wünscht deine

Dieses Buch gehört: ____________

# Zauberei

**1.** Der Zauberschüler Fridolin muss bei seiner Zauberprüfung alles **verdoppeln**. (Alle rot geschriebenen Wörter findest du auf der letzten Seite erklärt.) Hilfst du ihm?

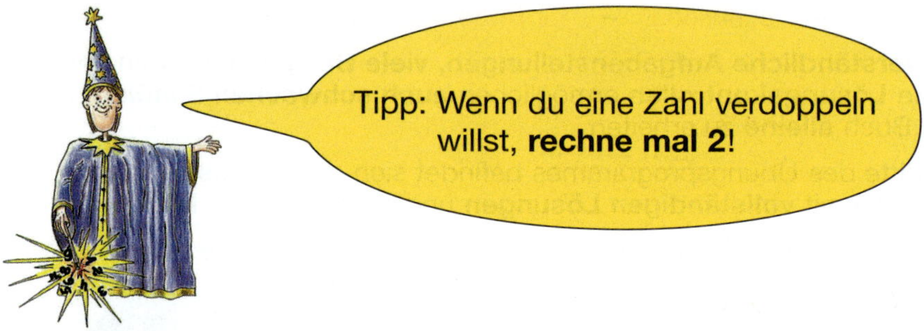


• **Schreibe** die passende Aufgabe auf die Zeile neben den Bildern und **rechne** sie **aus**!

Beispiel:

$2 \cdot 2 = 4$

$\_\_ \cdot 2 = \_\_$

$\_\_ \cdot \_\_ = \_\_$

__________

**2.** • **Kannst** du auch diese Zahlen **verdoppeln**?

| 8 | 10 | 20 | 12 | 15 | 25 | 50 |
|---|---|---|---|---|---|---|
| 16 | | | | | | |

**3.** Mit einem Zauberspruch kann Fridolin alles **halbieren**.

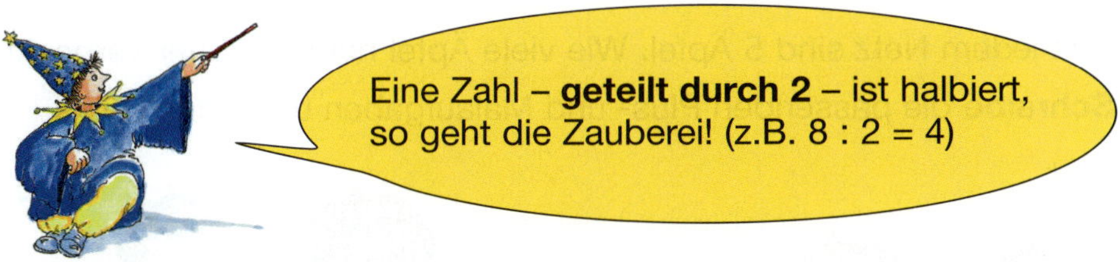


- **Schreibe** die passende Aufgabe auf die Zeile neben den Bildern und **rechne** sie **aus**!

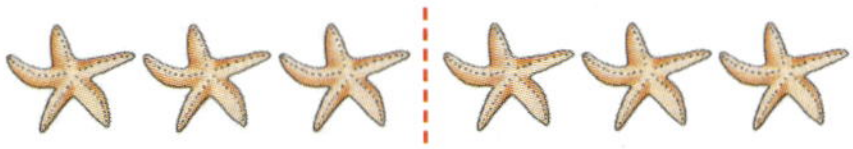

Beispiel:

6 : 2 = 3

: 2 = ______

: = ______

______

**4.** • **Halbiere** auch diese Zahlen!

| 12 | 18 | 20 | 42 | 60 | 80 | 100 |
|---|---|---|---|---|---|---|
| 6 | | | | | | |

# Auf dem Bauernhof

**5.** In jedem Netz sind 5 Äpfel. Wie viele Äpfel hat der Bauer verpackt?

• **Schreibe** die passenden Plus- und Malaufgaben unter die Netze!

Beispiel:

5 + 5 = 10

2 · 5 = 10

5 + 5 + 5 + 5 = 20

4 · 5 = 20

5 + 5 + 5 + 5 + 5 + 5 = 30

6 · 5 = 30

5 + 5 + 5 + 5 + 5 + 5 + 5 + 5 = 4

8 · 5 = 40

**6.** Die Bäuerin verkauft auf dem Markt 7 Säcke Kartoffeln.
Ein Sack Kartoffeln kostet 5 Euro.

**Frage:** • Wie viel Geld bekommt sie? 35 €

**Rechnung:** 7 · 5 = 35

**Antwort:** Sie bekommt 35 €

**7.** Welches Ei gehört zu welcher Henne?

- **Verbinde** die Aufgaben mit dem richtigen Ergebnis!
  (**Benutze** dazu **unterschiedliche** Farben!)

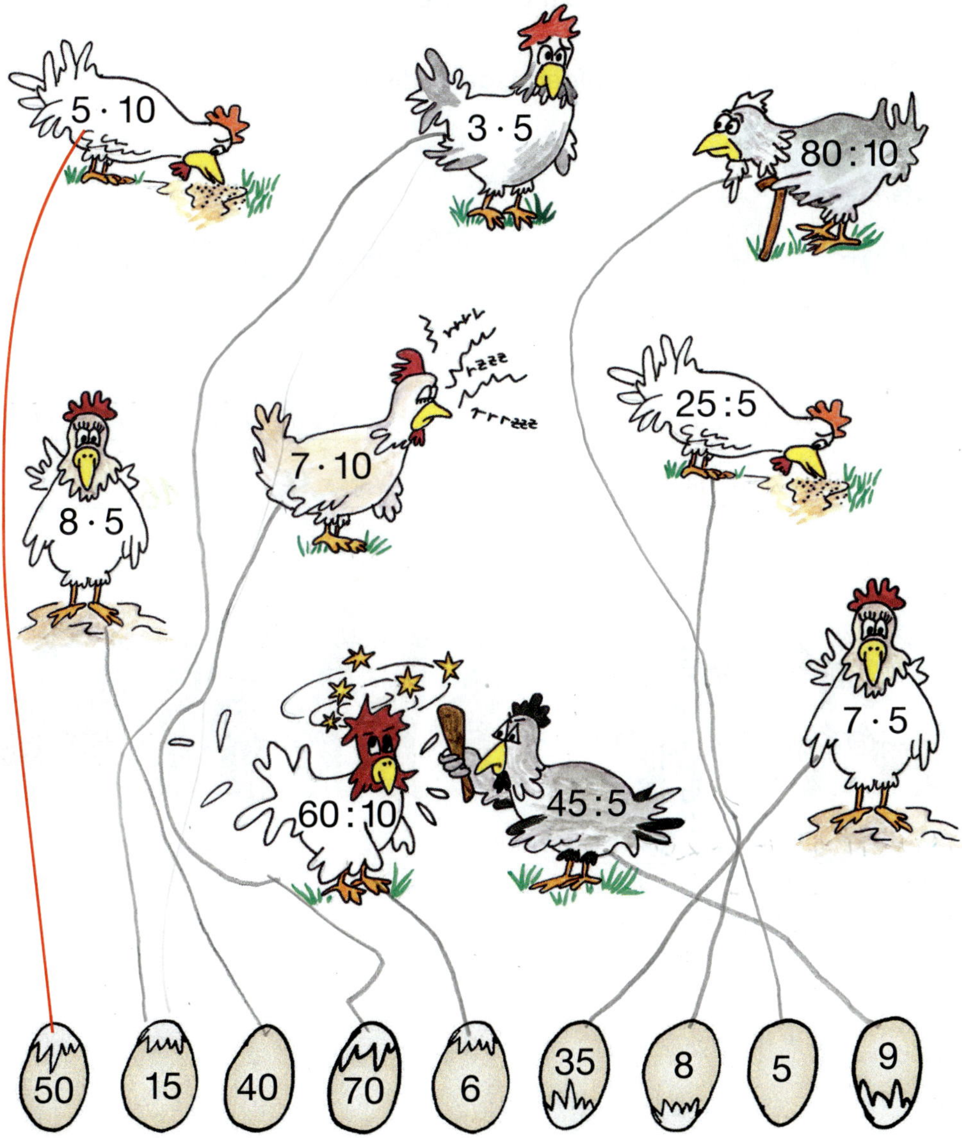

# Im Zoo

**8.** Im Zoo gibt es viele Tiere mit vier Beinen.
Wie viele **Beine** siehst du?

- **Rechne** zuerst die Plusaufgabe, dann die Malaufgabe!

Beispiel:

4 + 4 = 8

2 · 4 = 8

4 + 4 + 4 + 4 = 16

4 · 4 = 16

4 + 4 + 4 + 4 + 4 = 20

5 · 4 = 20

7 · 4 =

**9.** Welche Zahlen gehören zum Einmaleins mit 4?

- **Kreise** sie **blau ein**!

**10.** Willst du wissen, welches das schnellste Tier im Zoo ist?

- **Rechne** die Aufgaben!
- **Setze** die Buchstaben in die entsprechenden Kästchen (unten) **ein**!

| | |
|---|---|
| $4 \cdot 4 =$ 16 → R | $36 : 4 =$ 9 → A |
| $12 : 4 =$ 3 → E | $7 \cdot 4 =$ 28 → P |
| $20 : 4 =$ 5 → D | $32 : 4 =$ 8 → G |

Ein | G | E | P | A | R | D | läuft 100 Kilometer in einer Stunde.

| G | E | P | A | R | D |
|---|---|---|---|---|---|
| 8 | 3 | 28 | 9 | 16 | 5 |

# Auf dem Jahrmarkt

**11.** An der Wurfbude:
Welche Zahlen gehören zum Einmaleins mit 3?

- **Male** die Dosen **blau an**!

**12.** • **Verbinde** jeden Luftballon mit der richtigen Aufgabe!
(**Benutze** dazu **unterschiedliche** Farben!)

- Ein Luftballon bleibt übrig. **Kreise** ihn **rot ein**!

| | | | | | |
|---|---|---|---|---|---|
| | 6 · 2 | 3 · 5 | 21 : 3 | 36 : 6 | |
| 3 · 8 | 7 · 6 | 6 · 5 | 48 : 6 | 27 : 3 | 9 · 6 |

**13.** • **Finde** die fehlenden Zahlen im Riesenrad!

Beispiel:

$6 \cdot 2 = 12$

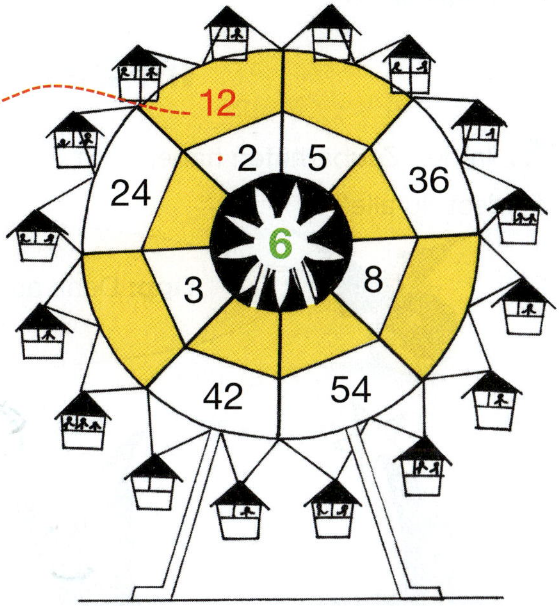


**14.** Eva, Maxi und Lena wollen mit Oma Geisterbahn fahren. Der Eintritt kostet pro Person 3 Euro.

**Frage:** • Wie viel kostet die Fahrt für alle zusammen?

**Rechnung:** ______________________________

______________________________

**Antwort:** ______________________________

______________________________

**Bist du schon müde?**

Dann mach doch ein wenig Gymnastik!

Streck dich, mach dich so groß, wie du kannst!
Dann mach dich so klein, wie du kannst!
Wiederhole diese Übung fünfmal langsam!

# Im Zirkus

**15.** In den Zauberhüten haben sich viele Aufgaben versteckt.

- Findest du alle?

**Tipp:** Denk auch an die Tausch- und Umkehraufgaben!

Beispiel:

$3 \cdot 8 = 24$
$8 \cdot 3 = 24$
$24 : 3 = 8$
$24 : 8 = 3$

**16.** • **Rechne** die Aufgaben in den Zirkustieren!

**17.** Frido hat in seinem Zauberkoffer Tücher in 8 verschiedenen Farben. Von jeder Farbe hat er 4 Tücher.

**Frage:** • Wie viele Tücher hat er insgesamt?

**Rechnung:** ______________________________

**Antwort:** ______________________________

______________________________

# Indianer

**18.** Hier darfst du mit Pfeil und Bogen zielen!

- **Male** auf der Zielscheibe alle Felder mit Zahlen aus dem 9er-Einmaleins **rot an**!

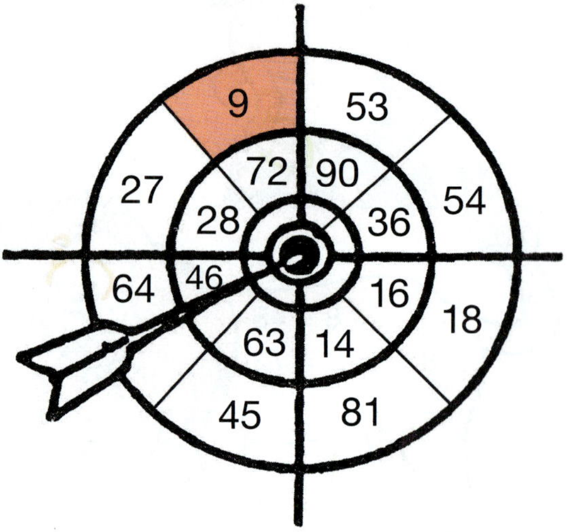


**19.** Der Häuptling „Reicher Adler“ verteilt 72 Perlen an 9 Indianerkinder. Jedes Kind möchte sich eine Kette basteln.

**Frage:** • Wie viele Perlen bekommt jedes Kind für seine Kette?

**Rechnung:** ______________________________

**Antwort:** ______________________________

______________________________

**20.** Möchtest du wissen, wer die vielen Federn gesammelt hat?

- **Rechne** die Aufgaben in den Federn!
- **Setze** die dazugehörigen Buchstaben in die Kästchen **ein** und du erfährst den Namen!

| | | | | | | | | | |
|---|---|---|---|---|---|---|---|---|---|
| | | | | | | | | N | |
| 81 | 4 | 45 | 6 | 18 | 3 | 7 | 72 | 10 | 5 |

# In der Ritterzeit

**21.** Findest du die Zahlen aus dem 7er-Einmaleins?

• **Kreise** sie **rot ein**!

**22.** Möchtest du wissen, was zur Ausrüstung eines jeden Ritters gehört hat?

- **Rechne** die Aufgaben!
- **Male** die Felder mit den richtigen Ergebniszahlen **rot an**!

$3 \cdot 7 = 21$

$70 : 7 =$ ____

$14 : 7 =$ ____

$7 \cdot 6 =$ ____

$49 : 7 =$ ____

$4 \cdot 7 =$ ____

$56 : 7 =$ ____

$7 \cdot 5 =$ ____

$10 \cdot 7 =$ ____

$35 : 7 =$ ____

$7 \cdot 7 =$ ____

$63 : 7 =$ ____

$21 : 7 =$ ____

$7 \cdot 8 =$ ____

$42 : 7 =$ ____

$9 \cdot 7 =$ ____

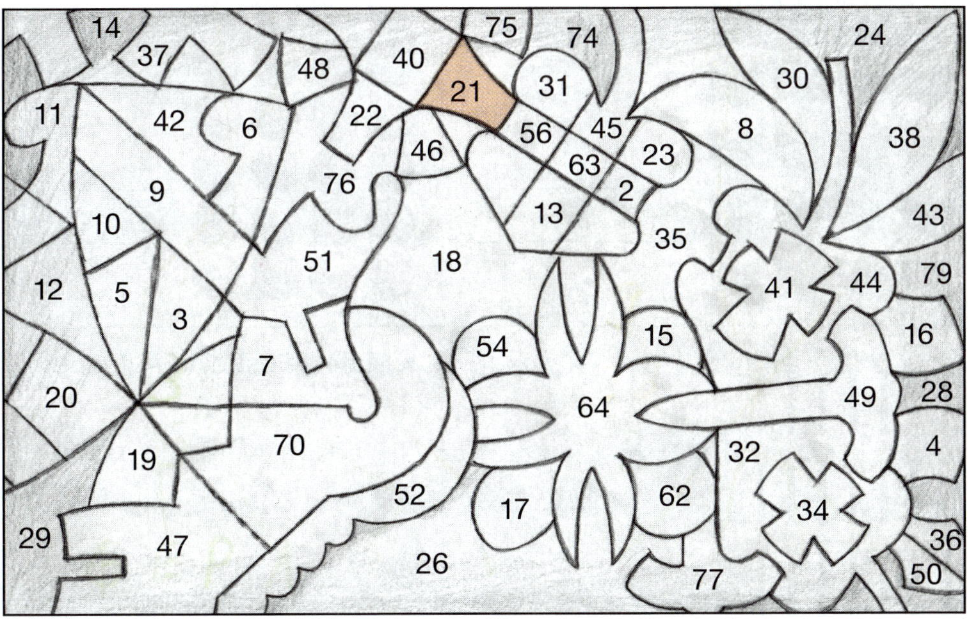


- Welche 4 Dinge siehst du?

______________________________

# Im Hexenladen

**23.** Zu jedem Bild gehören zwei Malaufgaben.

- **Schreibe** sie **auf**!

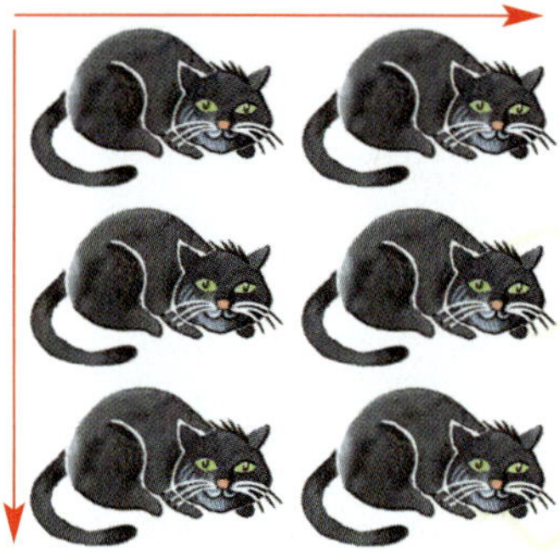

Beispiel:

$3 \cdot 2 = 6$

$2 \cdot 3 = 6$

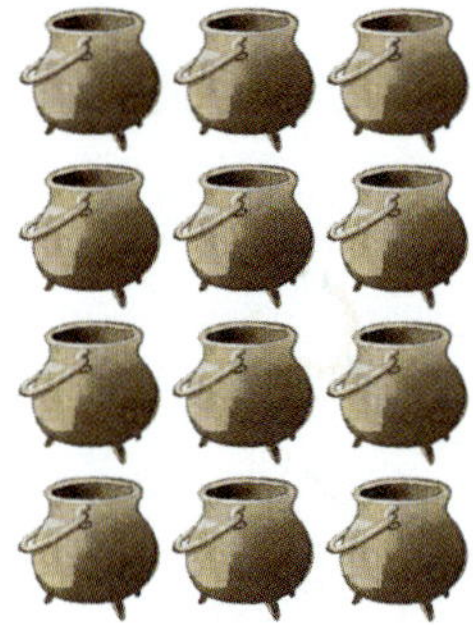

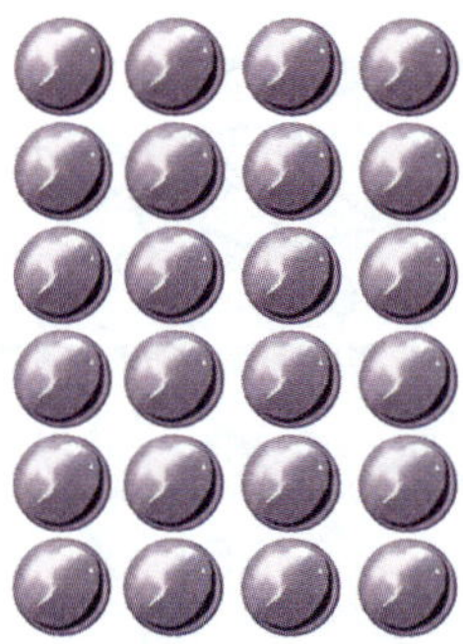

- **Male** selbst eine Aufgabe!

**24.** In jedem Wort hat sich eine Zahl versteckt!

- **Finde** die Zahl und **kreise** sie **ein**!
- **Nimm** sie mit sich selbst mal und du erhältst die **Quadratzahl**!
- **Schreibe** das Ergebnis **auf**!

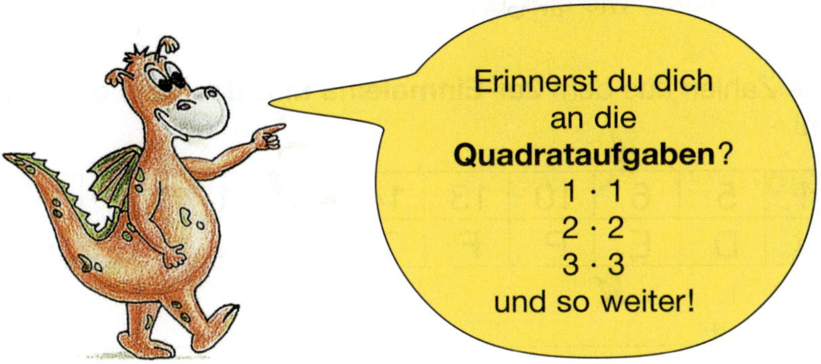


St(eins)chleuder $1 \cdot 1 = 1$

Nacht ____________

Tannenzweige ____________

Siebenschläfer ____________

Motorradreifen ____________

Polizeirevier ____________

# Planeten im Weltall

**25.** Die Sonne und ihre neun Planeten sind vor ungefähr 4 600 Millionen Jahren aus einer gewaltigen Wolke aus Staub und Gasen entstanden.
Möchtest du wissen, wie einige der Planeten heißen?

- **Male** die Zahlen aus dem **2er-Einmaleins und das Feld darunter blau an**!

| | | | | | | | | | | | |
|---|---|---|---|---|---|---|---|---|---|---|---|
| 1 | 4 | 5 | 6 | 10 | 13 | 14 | 15 | 17 | 18 | 19 | 20 |
| I | N | D | E | P | F | T | L | S | U | B | N |

Der Planet heißt: ______________________________.

- **Male** die Zahlen aus dem **4er-Einmaleins und das Feld darunter rot an**!

| | | | | | | | | | | |
|---|---|---|---|---|---|---|---|---|---|---|
| 3 | 8 | 11 | 12 | 16 | 22 | 26 | 32 | 34 | 36 | 40 |
| A | M | O | E | R | F | L | K | M | U | R |

Der Planet heißt: ______________________________.

- **Male** die Zahlen aus dem **8er-Einmaleins und das Feld darunter gelb an**!

| | | | | | | | | | | |
|---|---|---|---|---|---|---|---|---|---|---|
| 7 | 18 | 24 | 32 | 42 | 48 | 54 | 56 | 62 | 64 | 72 |
| L | K | U | R | N | A | P | N | B | U | S |

Der Planet heißt: ______________________________.

# Eine schöne Nacht

**26.** Die Fledermäuse fliegen in ihre Höhlen.

- **Verbinde** jede Fledermaus mit dem richtigen Ergebnis! Benutze dabei **unterschiedliche Farben**!
- Nur eine Fledermaus bleibt draußen. **Kreise** sie rot **ein**!

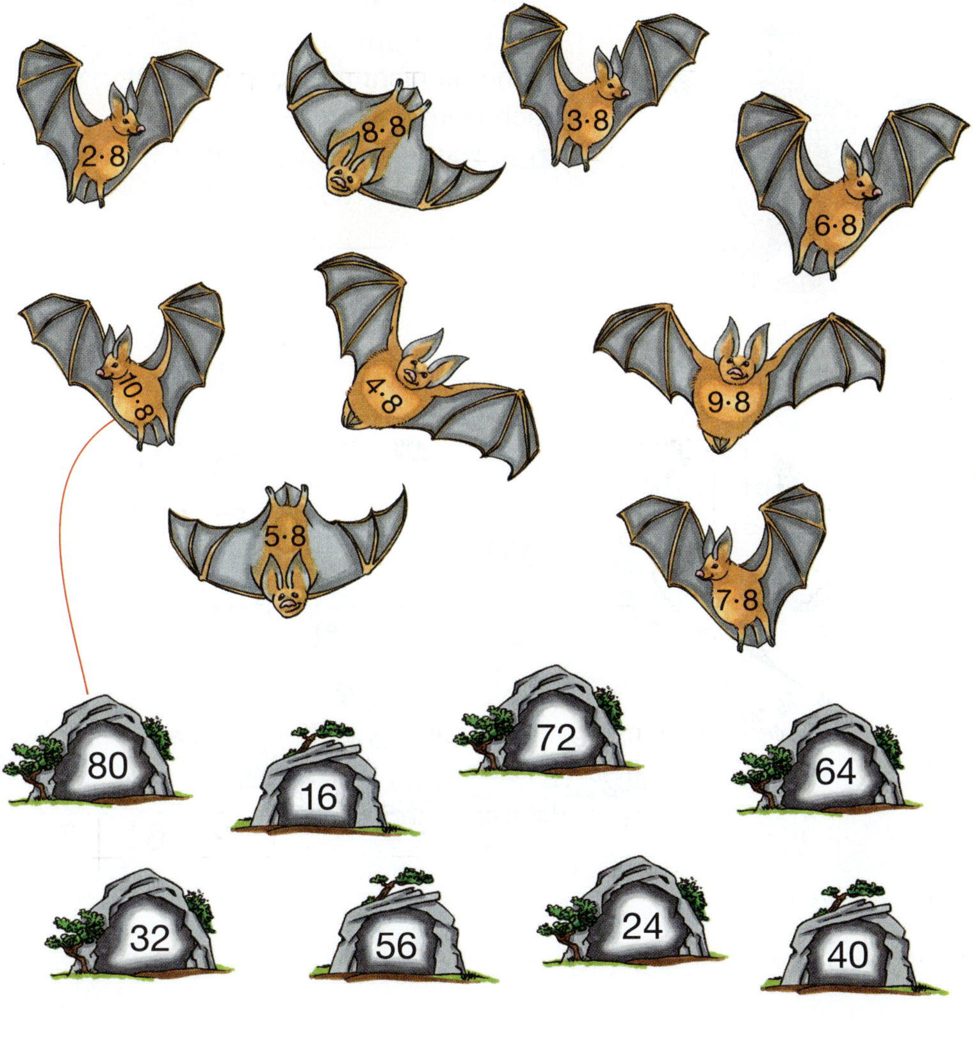

# Ein Tier aus Urzeiten

**27.** Möchtest du wissen, welches Tier vor 65 Millionen Jahren auf der Erde gelebt hat?

- **Verbinde** die Zahlen aus dem **3er-Einmaleins** (3-6-9...) miteinander!

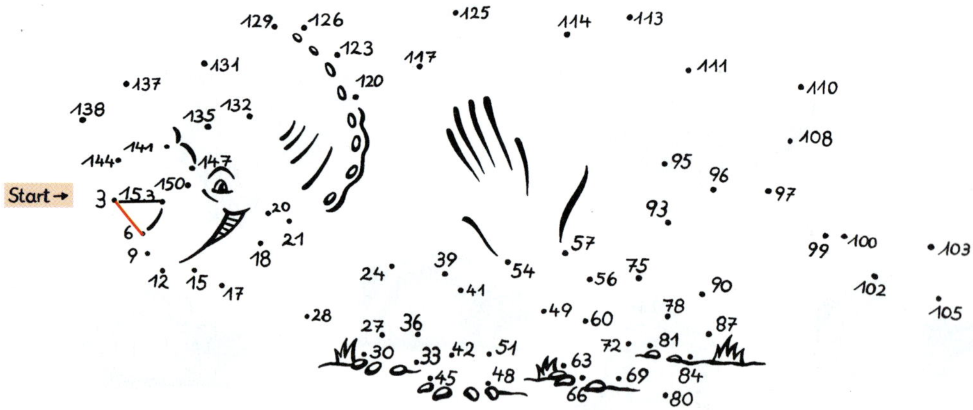

# Tierisch interessant

**28.** Möchtest du wissen, welches Tier bis zu 150 Tonnen schwer und 30 Meter lang werden kann?

- **Male** alle Felder mit den Zahlen aus dem **6er**-Einmaleins oder **9er**-Einmaleins **an**!

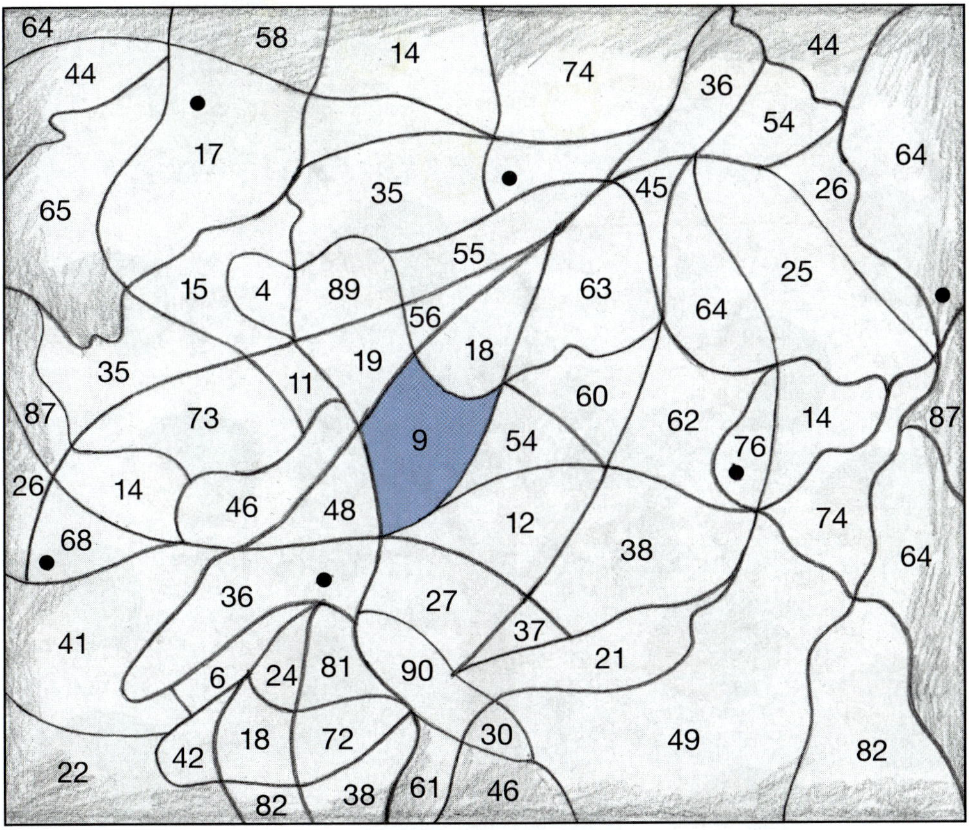


Das Tier heißt: ______________________________.

# Hilf dem Eichhörnchen!

**29.** Immer zwei Nüsse haben das gleiche Ergebnis.

- **Verbinde** sie mit unterschiedlichen Farben!

**Tipp:** Rechne zuerst die Aufgaben und schreibe die Ergebnisse über die Nüsse!

20
$5 \cdot 4$

20
$2 \cdot 10$

$3 \cdot 8$

$2 \cdot 8$

$4 \cdot 4$

$4 \cdot 6$

$56 : 8$

$28 : 4$

$20 : 4$

$36 : 4$

$72 : 8$

$64 : 8$

$32 : 4$

$40 : 8$

# Tierisch interessant

**30.** Weißt du eigentlich, wie groß eine Giraffe werden kann?

- **Rechne** die Aufgaben und schreibe die Zwischenergebnisse in die Kästchen! Die Zahl im roten Kästchen verrät dir, wie groß eine Giraffe werden kann.

Eine Giraffe kann ________ Meter groß werden.

# Rechenkönig

**31.** Sandra hat ihre Mathehausaufgabe geschafft! Nur leider hat sie einige Aufgaben falsch gerechnet.

- **Nimm** dir einen Rotstift und **verbessere** die Ergebnisse!
- **Hake** die richtigen Ergebnisse **ab**.
- **Streiche** falsche Ergebnisse **durch** und **schreibe** die richtige Lösung **daneben**.

| | |
|---|---|
| 8 · 2 = ~~14~~ 16 | 3 · 4 = 18 ____ |
| 4 · 10 = 40 ____ | 4 · 4 = 16 ____ |
| 5 · 5 = 27 ____ | 3 · 9 = 27 ____ |
| 7 · 4 = 32 ____ | 6 · 4 = 30 ____ |
| 8 · 4 = 32 ____ | 5 · 7 = 35 ____ |
| 9 · 6 = 72 ____ | 6 · 8 = 49 ____ |

- Wenn du alle Aufgaben **richtig gelöst** hast, darfst du auf der vorletzten Seite eine Rechenkrone ausmalen!

# Zwillingspaare

**32.** Wo ist Rudi? Er ist der einzige Hund, der keinen Zwillingsbruder hat. Findest du ihn?

• **Kreise** ihn **rot ein**!

# Raubüberfall

**33.** Raubüberfall in der Villa Edenburg! Detektiv Freddi Flink hat eine heiße Spur. Erkennst du den Fluchtweg des Diebes?

- **Rechne** die Aufgaben!
- **Male** die Ergebniszahlen (unten) bunt **an**!

| | |
|---|---|
| $3 \cdot 3 =$ 9 | $90 : 9 =$ ____ |
| $18 : 6 =$ ____ | $27 : 3 =$ ____ |
| $7 \cdot 3 =$ ____ | $5 \cdot 9 =$ ____ |
| $6 \cdot 6 =$ ____ | $63 : 9 =$ ____ |
| $36 : 9 =$ ____ | $8 \cdot 6 =$ ____ |
| $3 \cdot 5 =$ ____ | $9 \cdot 8 =$ ____ |
| $30 : 6 =$ ____ | $54 : 6 =$ ____ |
| $7 \cdot 6 =$ ____ | $9 \cdot 9 =$ ____ |

- Wo hat sich der Dieb versteckt? **Kreise** die Stelle **rot ein**!

# Schau genau!

**34.** In jedem Dreieck siehst du die Zahlen einer Einmaleinsreihe. Nur eine Zahl in jedem Dreieck gehört nicht dazu. Findest du sie?

- **Kreise** sie **rot ein**!

5, 25, 20, 30, 35, 50, 15, 45, 10, 31, 40

6, 16, 54, 36, 30, 18, 42, 60, 12, 48, 24

7, 21, 14, 63, 52, 49, 42, 35, 28, 56, 70

8, 32, 24, 16, 56, 72, 80, 64, 40, 53, 48

9, 27, 18, 46, 45, 90, 54, 81, 72, 63, 36

**35.** • **Rechne** die Aufgaben!
• **Schau** dir die Aufgaben und ihre Ergebnisse genau **an**!
• Was fällt dir auf?

3 · 8 = ___
6 · 8 = ___

2 · 4 = ___
4 · 4 = ___

5 · 4 = ___
10 · 4 = ___

4 · 7 = ___
8 · 7 = ___

4 · 8 = ___
8 · 8 = ___

2 · 9 = ___
4 · 9 = ___

# Autorennen

**36.** Wer ist der schnellste Rennfahrer?

- **Rechne** die Aufgaben in den Autos! Der Rennfahrer mit dem höchsten Ergebnis gewinnt das Rennen.
- **Male** sein Auto **rot an**!

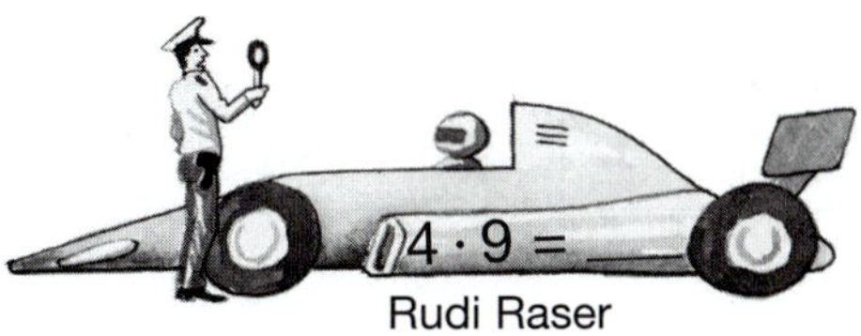


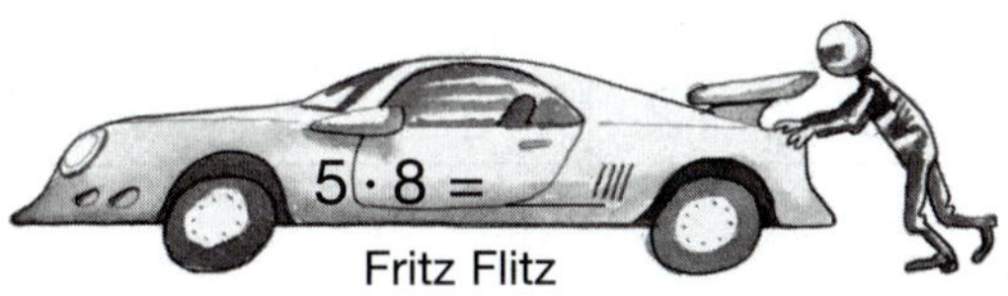


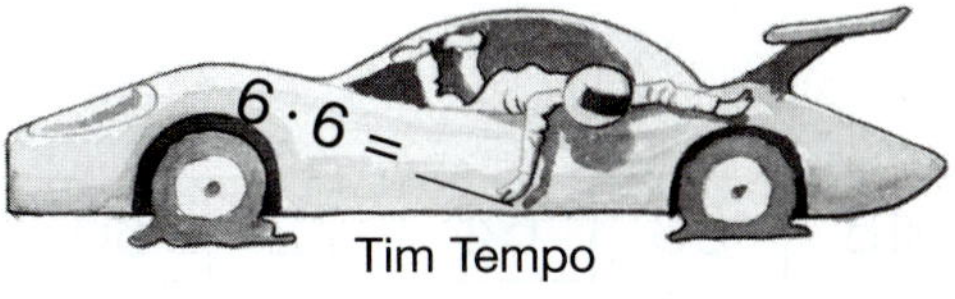

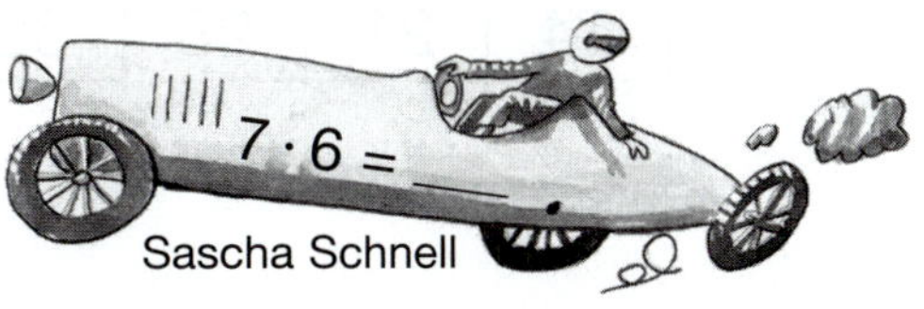

# Kennst du die Einmaleinszahlen?

**37.** In jeder Reihe siehst du die Einmaleinszahlen aus **einem** Einmaleins. Nur hat sich in jeder Reihe **ein** Fehler eingeschlichen. Findest du ihn?

- **Finde heraus,** welche Einmaleinsreihe es ist!
- **Streiche** die falschen Zahlen **rot durch**!

| | | | | | | | | | |
|---|---|---|---|---|---|---|---|---|---|
| 5 | 10 | 15 | 20 | 25 | 30 | ~~36~~ | 40 | 45 | 50 |

| | | | | | | | | | |
|---|---|---|---|---|---|---|---|---|---|
| 4 | 8 | 12 | 15 | 20 | 24 | 28 | 32 | 36 | 40 |

| | | | | | | | | | |
|---|---|---|---|---|---|---|---|---|---|
| 6 | 12 | 18 | 24 | 30 | 38 | 42 | 48 | 54 | 60 |

| | | | | | | | | | |
|---|---|---|---|---|---|---|---|---|---|
| 9 | 18 | 27 | 36 | 45 | 54 | 62 | 72 | 81 | 90 |

| | | | | | | | | | |
|---|---|---|---|---|---|---|---|---|---|
| 8 | 16 | 24 | 32 | 40 | 48 | 58 | 64 | 72 | 80 |

| | | | | | | | | | |
|---|---|---|---|---|---|---|---|---|---|
| 7 | 14 | 21 | 28 | 35 | 42 | 49 | 56 | 65 | 70 |

# Indianer

**38.** Möchtest du wissen, mit welchen Instrumenten die Indianer Musik gemacht haben!

- **Rechne** die Aufgaben!
- **Male** die Felder mit den richtigen Ergebniszahlen **gelb an**!

$3 \cdot 1 =$ 3

$4 \cdot 6 =$ ____

$7 \cdot 3 =$ ____

$24 : 3 =$ ____

$6 \cdot 7 =$ ____

$36 : 9 =$ ____

$6 \cdot 9 =$ ____

$30 : 6 =$ ____

$3 \cdot 9 =$ ____

$5 \cdot 6 =$ ____

$36 : 6 =$ ____

$8 \cdot 6 =$ ____

$7 \cdot 9 =$ ____

$9 \cdot 9 =$ ____

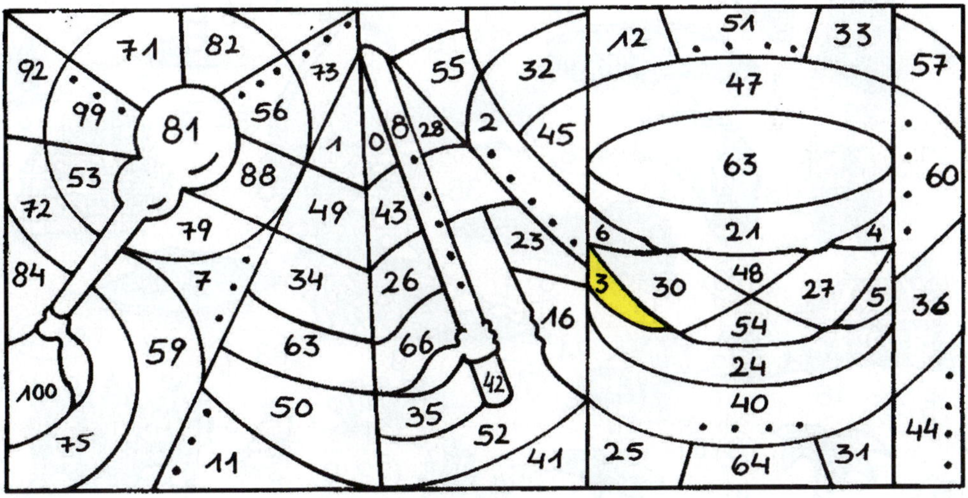


- Welche 3 Instrumente siehst du?

______________________________

# Auf Schatzsuche

**39.** In welcher Schatzkiste sind die Schätze der Piraten versteckt?

- **Rechne** die Aufgaben! Die Ergebniszahlen zeigen dir den Weg **zur richtigen** Schatzkiste!
- **Kreise** die Schatzkiste **rot ein**!

# Lösungen zu 652

Einmaleins 2./3. Klasse

**1.** **Beispiel:**  2 · 2 = 4

 5 · 2 = 10  7 · 2 = 14  9 · 2 = 18

---

**2.**

| 8 | 10 | 20 | 12 | 15 | 25 | 50 |
|---|---|---|---|---|---|---|
| **16** | **20** | **40** | **24** | **30** | **50** | **100** |

---

**3.** **Beispiel:**  6 : 2 = 3

 8 : 2 = 4  10 : 2 = 5  16 : 2 = 8

---

**4.**

| 12 | 18 | 20 | 42 | 60 | 80 | 100 |
|---|---|---|---|---|---|---|
| **6** | **9** | **10** | **21** | **30** | **40** | **50** |

---

**5.** 5 + 5 = 10
2 · 5 = 10

5 + 5 + 5 + 5 = 20
4 · 5 = 20

5 + 5 + 5 + 5 + 5 + 5 = 30
6 · 5 = 30

5 + 5 + 5 + 5 + 5 + 5 + 5 + 5 = 40
8 · 5 = 40

---

**6.** **Rechnung:**

| 7 | · | 5 € | = | 35 € |
|---|---|---|---|---|
| (Säcke Kartoffeln) | | (Preis für einen Sack Kartoffeln) | | (Preis für 7 Säcke Kartoffeln) |

**Antwort:** Die Bäuerin bekommt 35 Euro.

**7.**

**8.**

**Beispiel:**

4 + 4 = 8

2 · 4 = 8

4 + 4 + 4 + 4 = 16

4 · 4 = 16

4 + 4 + 4 + 4 + 4 = 20

5 · 4 = 20

4 + 4 + 4 + 4 + 4 + 4 + 4 = 28

7 · 4 = 28

**9.**

**10.** 4 · 4 = 16 → R

12 : 4 = 3 → E

20 : 4 = 5 → D

36 : 4 = 9 → A

7 · 4 = 28 → P

32 : 4 = 8 → G

| G | E | P | A | R | D |
|---|---|---|---|---|---|
| 8 | 3 | 28 | 9 | 16 | 5 |

Ein Gepard läuft 100 Kilometer in einer Stunde.

**11.**

**12.**

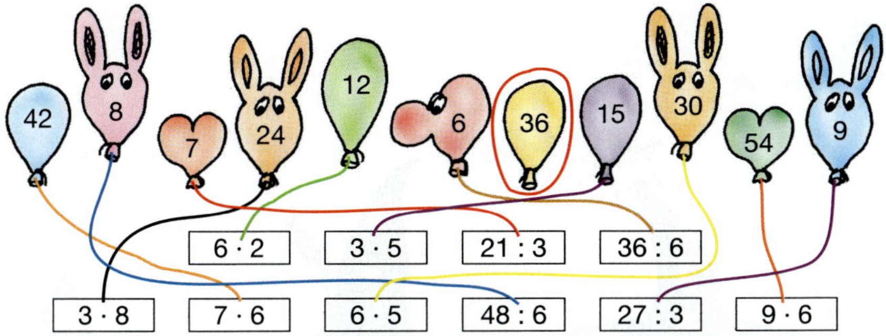


---

**13.**

---

**14.** **Rechnung:**

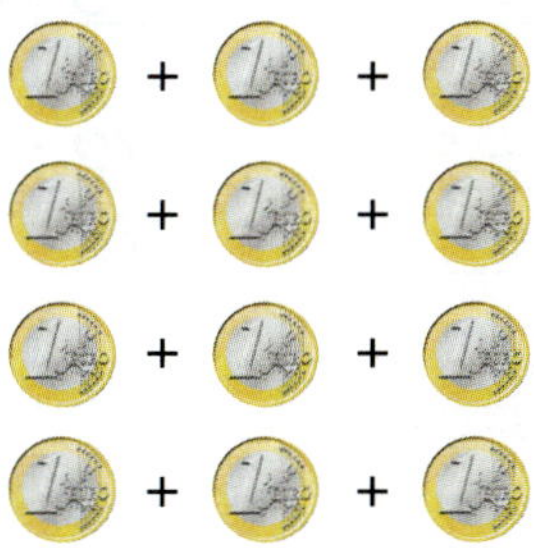

Eva: 3 €

Maxi: 3 €

Lena: 3 €

Oma: + 3 €

12 €

| 4 | · | 3 € | = | 12 € |
|---|---|---|---|---|
| (Eva, Maxi, Lena, Oma) | | (Eintritt für eine Person) | | (kostet der Eintritt für 4 Personen) |

**Antwort:** Die Fahrt kostet für alle zusammen 12 Euro.

# 15.

**Beispiel:**

3 · 8 = 24
8 · 3 = 24
24 : 3 = 8
24 : 8 = 3

5 · 8 = 40
8 · 5 = 40
40 : 5 = 8
40 : 8 = 5

4 · 8 = 32
8 · 4 = 32
32 : 4 = 8
32 : 8 = 4

6 · 8 = 48
8 · 6 = 48
48 : 6 = 8
48 : 8 = 6

7 · 8 = 56
8 · 7 = 56
56 : 7 = 8
56 : 8 = 7

9 · 8 = 72
8 · 9 = 72
72 : 9 = 8
72 : 8 = 9

**16.**

---

**17.** **Rechnung:** 8 (Farben) · 4 (Tücher) = 32 (Tücher in allen Farben)

**Antwort:** Frido besitzt insgesamt 32 Tücher.

---

**18.**

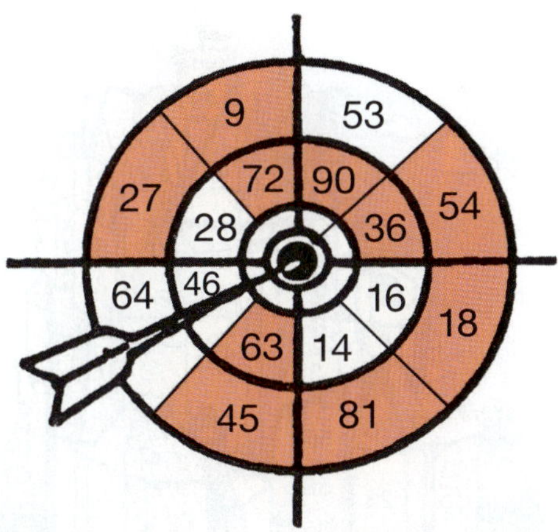


---

**19.** **Rechnung:** 72 (Perlen) : 9 (Kinder) = 8 (Perlen bekommt jedes Kind)

**Antwort:** Jedes Kind bekommt 8 Perlen für seine Kette.

## 20.

| L | E | I | S | E | R | | W | I | N | D |
|---|---|---|---|---|---|---|---|---|---|---|
| 81 | 4 | 45 | 6 | 18 | 3 | | 7 | 72 | 10 | 5 |

## 21.

**22.**

| | |
|---|---|
| 3 · 7 = 21 | 10 · 7 = 70 |
| 70 : 7 = 10 | 35 : 7 = 5 |
| 14 : 7 = 2 | 7 · 7 = 49 |
| 7 · 6 = 42 | 63 : 7 = 9 |
| 49 : 7 = 7 | 21 : 7 = 3 |
| 4 · 7 = 28 | 7 · 8 = 56 |
| 56 : 7 = 8 | 42 : 7 = 6 |
| 7 · 5 = 35 | 9 · 7 = 63 |

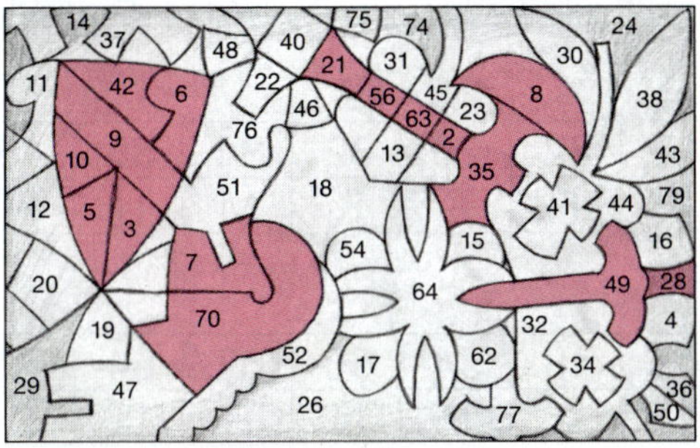


Du siehst
(von links nach rechts gesehen):
ein Schild,
einen
Ritterhelm,
eine Axt
und ein
Schwert.

**23.**

**Beispiel:**

3 · 2 = 6

2 · 3 = 6

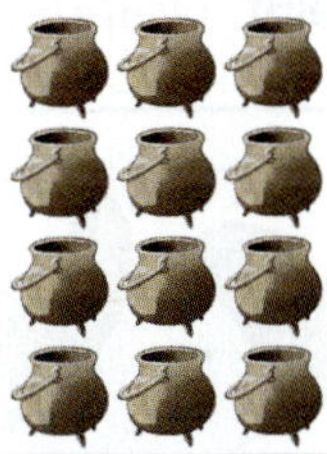

4 · 3 = 12

3 · 4 = 12

5 · 4 = 20

4 · 5 = 20

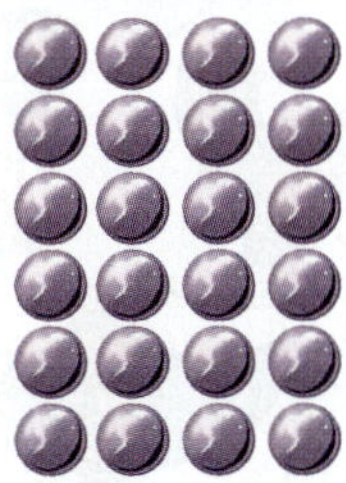

6 · 4 = 24

4 · 6 = 24

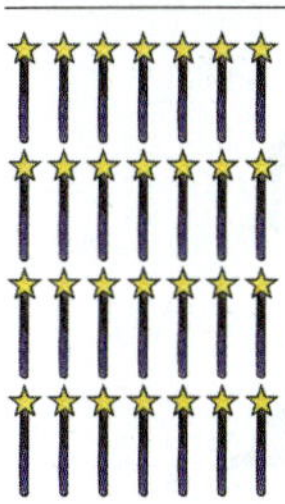

4 · 7 = 28

7 · 4 = 28

Sicherlich ist dir deine Aufgabe gelungen.

**24.**

| | | | |
|---|---|---|---|
| Steinschleuder | $1 \cdot 1 = 1$ | Siebenschläfer | $7 \cdot 7 = 49$ |
| Nacht | $8 \cdot 8 = 64$ | Motorradreifen | $3 \cdot 3 = 9$ |
| Tannenzweige | $2 \cdot 2 = 4$ | Polizeirevier | $4 \cdot 4 = 16$ |

**25.**

| | | | | | | | | | | | |
|---|---|---|---|---|---|---|---|---|---|---|---|
| 1 | 4 | 5 | 6 | 10 | 13 | 14 | 15 | 17 | 18 | 19 | 20 |
| I | N | D | E | P | F | T | L | S | U | B | N |

Der Planet heißt: Neptun.

| | | | | | | | | | | |
|---|---|---|---|---|---|---|---|---|---|---|
| 3 | 8 | 11 | 12 | 16 | 22 | 26 | 32 | 34 | 36 | 40 |
| A | M | O | E | R | F | L | K | M | U | R |

Der Planet heißt: Merkur.

| | | | | | | | | | | |
|---|---|---|---|---|---|---|---|---|---|---|
| 7 | 18 | 24 | 32 | 42 | 48 | 54 | 56 | 62 | 64 | 72 |
| L | K | U | R | N | A | P | N | B | U | S |

Der Planet heißt: Uranus.

**26.**

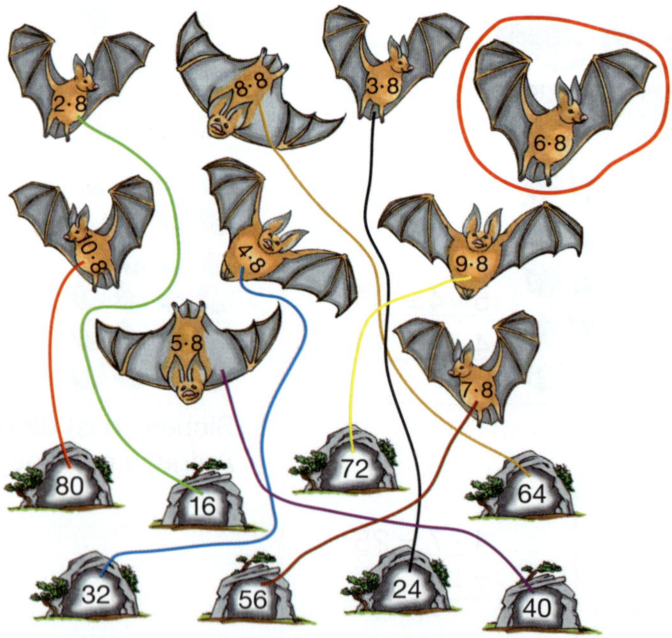

## 27.

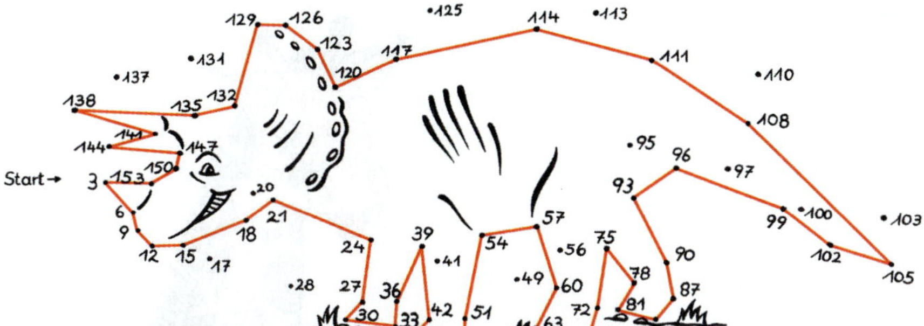

Der Triceratops besaß einen 2 Meter langen Schädel.
Die Hörner darauf waren bis zu 1 Meter lang. Sie dienten der Verteidigung.

## 28.

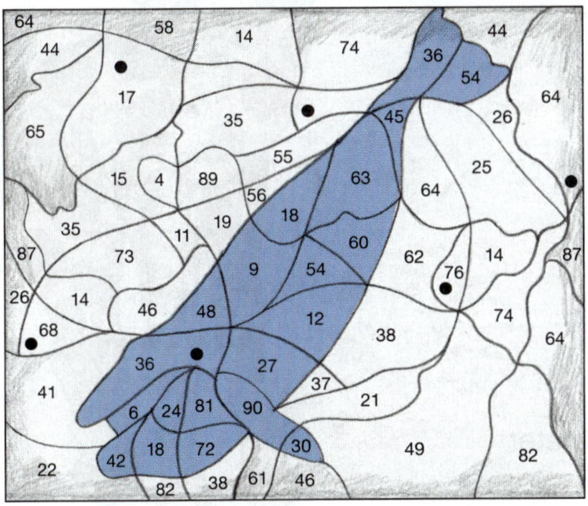

Das Tier heißt:
(Blau)wal.

## 29.

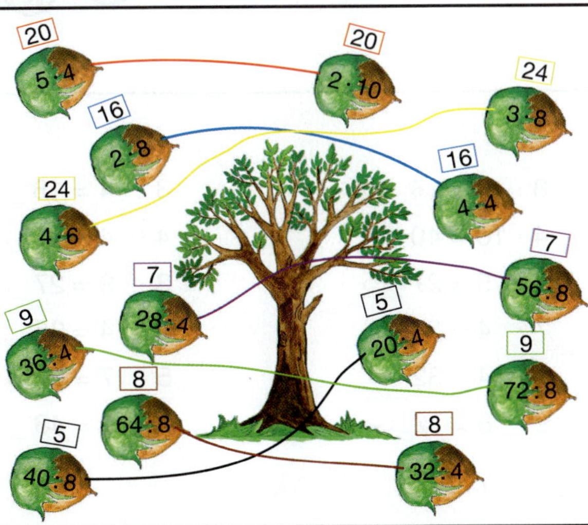

## 30.

Eine Giraffe kann 6 Meter groß werden.

## 31.

| | |
|---|---|
| 8 · 2 = ~~14~~ 16 | 3 · 4 = ~~18~~ 12 |
| 4 · 10 = 40 ✓ | 4 · 4 = 16 ✓ |
| 5 · 5 = ~~27~~ 25 | 3 · 9 = 27 ✓ |
| 7 · 4 = ~~32~~ 28 | 6 · 4 = ~~30~~ 24 |
| 8 · 4 = 32 ✓ | 5 · 7 = 35 ✓ |
| 9 · 6 = ~~72~~ 54 | 6 · 8 = ~~49~~ 48 |

**32.**

**33.**

$3 \cdot 3 = 9$

$18 : 6 = 3$

$7 \cdot 3 = 21$

$6 \cdot 6 = 36$

$36 : 9 = 4$

$3 \cdot 5 = 15$

$30 : 6 = 5$

$7 \cdot 6 = 42$

$90 : 9 = 10$

$27 : 3 = 9$

$5 \cdot 9 = 45$

$63 : 9 = 7$

$8 \cdot 6 = 48$

$9 \cdot 8 = 72$

$54 : 6 = 9$

$9 \cdot 9 = 81$

## 34.

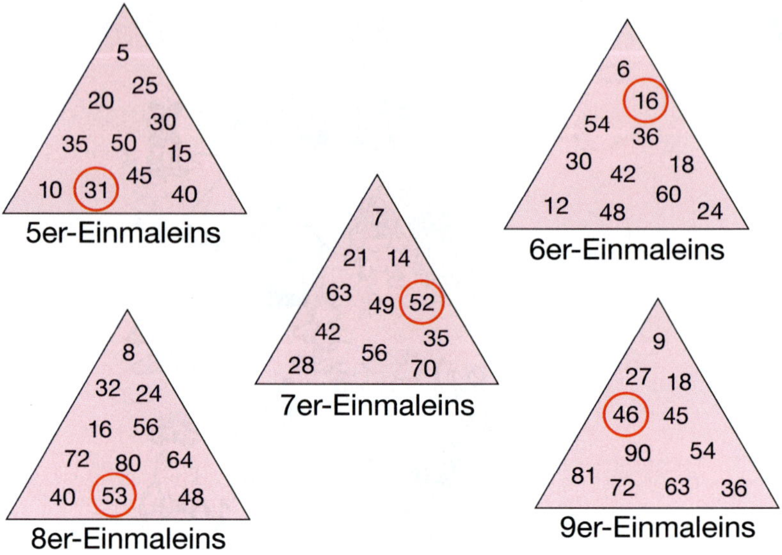


---

## 35. Wenn du eine Zahl mit dem Doppelten malnimmst, verdoppelt sich auch das Ergebnis!

verdoppelt ↓ $3 \cdot 8 = 24$ ↓ verdoppelt

$6 \cdot 8 = 48$

$2 \cdot 4 = 8$

$4 \cdot 4 = 16$

$5 \cdot 4 = 20$

$10 \cdot 4 = 40$

$4 \cdot 7 = 28$

$8 \cdot 7 = 56$

$4 \cdot 8 = 32$

$8 \cdot 8 = 64$

$2 \cdot 9 = 18$

$4 \cdot 9 = 36$

---

**36.**

**37.**

| | | | | | | | | | |
|---|---|---|---|---|---|---|---|---|---|
| 5 | 10 | 15 | 20 | 25 | 30 | ~~36~~ | 40 | 45 | 50 |

(Einmaleins mit 5)

| | | | | | | | | | |
|---|---|---|---|---|---|---|---|---|---|
| 4 | 8 | 12 | ~~15~~ | 20 | 24 | 28 | 32 | 36 | 40 |

(Einmaleins mit 4)

| | | | | | | | | | |
|---|---|---|---|---|---|---|---|---|---|
| 6 | 12 | 18 | 24 | 30 | ~~38~~ | 42 | 48 | 54 | 60 |

(Einmaleins mit 6)

| | | | | | | | | | |
|---|---|---|---|---|---|---|---|---|---|
| 9 | 18 | 27 | 36 | 45 | 54 | ~~62~~ | 72 | 81 | 90 |

(Einmaleins mit 9)

| | | | | | | | | | |
|---|---|---|---|---|---|---|---|---|---|
| 8 | 16 | 24 | 32 | 40 | 48 | ~~58~~ | 64 | 72 | 80 |

(Einmaleins mit 8)

| | | | | | | | | | |
|---|---|---|---|---|---|---|---|---|---|
| 7 | 14 | 21 | 28 | 35 | 42 | 49 | 56 | ~~65~~ | 70 |

(Einmaleins mit 7)

## 38.

| | |
|---|---|
| 3 · 1 = 3 | 30 : 6 = 5 |
| 4 · 6 = 24 | 3 · 9 = 27 |
| 7 · 3 = 21 | 5 · 6 = 30 |
| 24 : 3 = 8 | 36 : 6 = 6 |
| 6 · 7 = 42 | 8 · 6 = 48 |
| 36 : 9 = 4 | 7 · 9 = 63 |
| 6 · 9 = 54 | 9 · 9 = 81 |

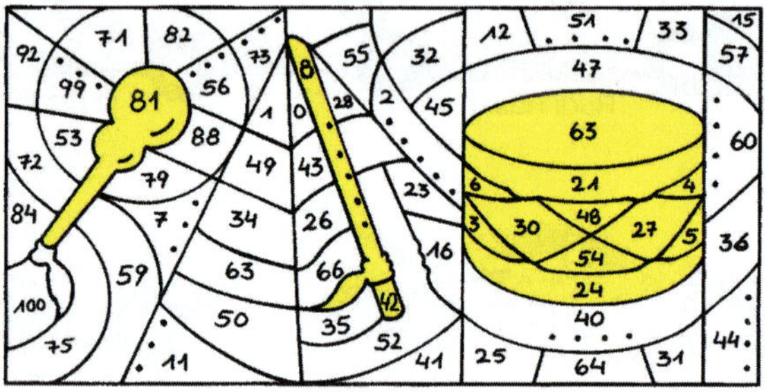

Du siehst eine Rassel, eine Flöte und eine Trommel.

## 39.

## 40.

Solche Schiffe findet man vor der

| K | Ü | S | T | E |
|---|---|---|---|---|
| 4 | 5 | 6 | 7 | 8 |

| F | L | O | R | I | D | A | S |
|---|---|---|---|---|---|---|---|
| 9 | 18 | 20 | 28 | 36 | 54 | 56 | 63 |

.

## 41.

34 (18) (72) 52 26 76 (48) (12) (54) (3) 11 (36) 62 (24)

| | · 3 | · 6 | · 9 |
|---|---|---|---|
| 1 | 3 | | |
| 2 | | 12 | 18 |
| 3 | | 18 | 36 |
| 4 | 12 | 24 | 36 |
| 5 | | | |
| 6 | 18 | 36 | 54 |
| 7 | | | |
| 8 | 24 | 48 | 72 |
| 9 | | 54 | |

## 42. Mandala

## 43.

**44.**

| | | | | | | |
|---|---|---|---|---|---|---|
| 14 | | 18 | | 32 | | 35 |
| 2 · 7 | < | 3 · 6 | | 8 · 4 | < | 7 · 5 |
| 20 | | 18 | | 49 | | 48 |
| 5 · 4 | > | 9 · 2 | | 7 · 7 | > | 6 · 8 |
| 24 | | 24 | | 64 | | 63 |
| 3 · 8 | = | 4 · 6 | | 8 · 8 | > | 9 · 7 |
| 30 | | 32 | | 42 | | 45 |
| 6 · 5 | < | 4 · 8 | | 7 · 6 | < | 9 · 5 |
| 28 | | 40 | | 54 | | 56 |
| 4 · 7 | < | 5 · 8 | | 6 · 9 | < | 8 · 7 |
| 36 | | 36 | | 72 | | 70 |
| 6 · 6 | = | 9 · 4 | | 9 · 8 | > | 10 · 7 |

---

**45.**

24 / 6 | 4

6 · 4 = 24
4 · 6 = 24
24 : 6 = 4
24 : 4 = 6

35 / 7 | 5

7 · 5 = 35
5 · 7 = 35
35 : 7 = 5
35 : 5 = 7

48 / 6 | 8

6 · 8 = 48
8 · 6 = 48
48 : 6 = 8
48 : 8 = 6

63 / 9 | 7

9 · 7 = 63
7 · 9 = 63
63 : 9 = 7
63 : 7 = 9

---

## 46.

5 · 4 = **20**

21 : **3** = 7

24 : 6 = 4 → **24** : 6 = 4

28 : **4** = 7

6 · **6** = 36

4 · 9 = **36**

63 : 9 = **7**

**8** · 8 = 64

**5** · 9 = 45

72 : **9** = 8

7 · **8** = 56

7 · 6 = **42**

81 : **9** = 9

63 : **7** = 9

---

## 47.

**Beispiel:**
7 · 2 = 14

---

## 48.

5 · **6** = 30

**12** : 6 = 2

10 · 6 = **60**

3 · 6 = **18**

**24** : 6 = 4

48 : **8** = 6

30 : 6 = **5**

6 · **6** = 36

6 · 9 = **54**

**7** · 6 = 42

## 49.

$4 \cdot 6 = 24$
$6 \cdot 4 = 24$
$24 : 4 = 6$
$24 : 6 = 4$

$5 \cdot 7 = 35$
$7 \cdot 5 = 35$
$35 : 5 = 7$
$35 : 7 = 5$

$7 \cdot 9 = 63$
$9 \cdot 7 = 63$
$63 : 7 = 9$
$63 : 9 = 7$

$4 \cdot 8 = 32$
$8 \cdot 4 = 32$
$32 : 4 = 8$
$32 : 8 = 4$

---

## 50.

$2 \cdot 5 = 10$
$40 : 8 = 5$
$4 \cdot 4 = 16$
$5 \cdot 6 = 30$
$42 : 7 = 6$
$4 \cdot 8 = 32$
$36 : 6 = 6$
$7 \cdot 5 = 35$
$48 : 8 = 6$
$7 \cdot 7 = 49$
$54 : 9 = 6$
$9 \cdot 9 = 81$

$21 : 7 = 3$
$30 : 6 = 5$
$7 \cdot 4 = 28$
$63 : 7 = 9$
$9 \cdot 5 = 45$
$7 \cdot 8 = 56$
$32 : 8 = 4$
$9 \cdot 4 = 36$
$72 : 8 = 9$
$9 \cdot 7 = 63$
$56 : 7 = 8$
$8 \cdot 8 = 64$

Wie lange hast du gerechnet?

| | |
|---|---|
| 5 Minuten | Sehr gut!! |
| 8 Minuten | Sehr gut, wenn du in der 2. Klasse bist!<br>Gut, wenn du in der 3. Klasse bist! |
| 10 Minuten | Gut, wenn du in der 2. Klasse bist!<br>Übe noch mehr, wenn du in der 3. Klasse bist! |
| Mehr als 10 Minuten | Übe noch mehr! |

## 51.

## 52.

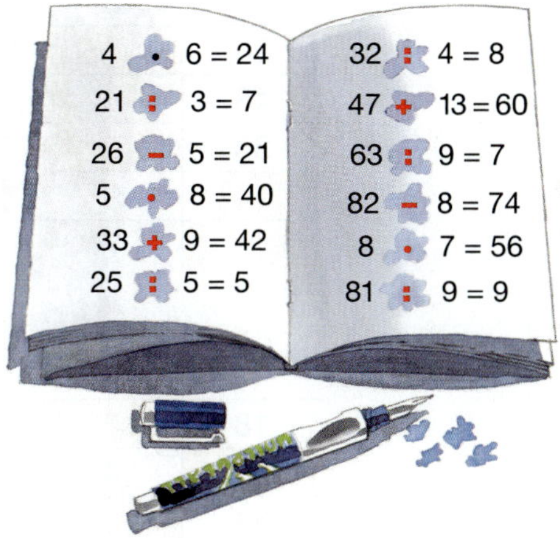


## 53.

Ein Puma kann **6** Meter hoch springen.
6 Meter sind ungefähr so hoch wie ein 2-stöckiges Haus.

## 54.

: 6

| | |
|---|---|
| 18 | 3 |
| 30 | 5 |
| 48 | 8 |
| 36 | 6 |
| 54 | 9 |
| 42 | 7 |

: 8

| | |
|---|---|
| 24 | 3 |
| 48 | 6 |
| 32 | 4 |
| 72 | 9 |
| 56 | 7 |
| 64 | 8 |

: 9

| | |
|---|---|
| 18 | 2 |
| 36 | 4 |
| 54 | 6 |
| 45 | 5 |
| 81 | 9 |
| 63 | 7 |

: 7

| | |
|---|---|
| 28 | 4 |
| 42 | 6 |
| 49 | 7 |
| 35 | 5 |
| 63 | 9 |
| 56 | 8 |

Wie lange hast du gerechnet?

| | |
|---|---|
| 5 Minuten | Sehr gut!! |
| 8 Minuten | Sehr gut, wenn du in der 2. Klasse bist!<br>Gut, wenn du in der 3. Klasse bist! |
| 10 Minuten | Gut, wenn du in der 2. Klasse bist!<br>Übe noch mehr, wenn du in der 3. Klasse bist! |
| Mehr als<br>10 Minuten | Übe noch mehr! |

## 55.

## 56.

| | | |
|---|---|---|
| 3 · 2 = 6<br>5 · 2 = 10<br>10 · 2 = 20<br>6 · 2 = 12<br>9 · 2 = 18<br>7 · 2 = 14 | 4 · 3 = 12<br>2 · 3 = 6<br>6 · 3 = 18<br>5 · 3 = 15<br>7 · 3 = 21<br>8 · 3 = 24 | 2 · 4 = 8<br>5 · 4 = 20<br>4 · 4 = 16<br>7 · 4 = 28<br>9 · 4 = 36<br>6 · 4 = 24 |
| 10 · 5 = 50<br>5 · 5 = 25<br>3 · 5 = 15<br>6 · 5 = 30<br>8 · 5 = 40<br>7 · 5 = 35 | 3 · 6 = 18<br>6 · 6 = 36<br>4 · 6 = 24<br>5 · 6 = 30<br>9 · 6 = 54<br>8 · 6 = 48 | 2 · 7 = 14<br>5 · 7 = 35<br>3 · 7 = 21<br>6 · 7 = 42<br>9 · 7 = 63<br>7 · 7 = 49 |
| 3 · 8 = 24<br>10 · 8 = 80<br>4 · 8 = 32<br>9 · 8 = 72<br>6 · 8 = 48<br>8 · 8 = 64 | 2 · 9 = 18<br>4 · 9 = 36<br>6 · 9 = 54<br>5 · 9 = 45<br>7 · 9 = 63<br>9 · 9 = 81 | 3 · 10 = 30<br>5 · 10 = 50<br>10 · 10 = 100<br>8 · 10 = 80<br>6 · 10 = 60<br>9 · 10 = 90 |

Schau dir die Tabelle auf der nächsten Seite an!

Wie lange hast du gerechnet?

| | |
|---|---|
| 9 Minuten | Sehr gut!! |
| 12 Minuten | Sehr gut, wenn du in der 2. Klasse bist!<br>Gut, wenn du in der 3. Klasse bist! |
| 15 Minuten | Gut, wenn du in der 2. Klasse bist!<br>Übe noch mehr, wenn du in der 3. Klasse bist! |
| Mehr als<br>15 Minuten | Übe noch mehr! |

**57.**

**58.** **1. Schritt:** 3 (Fische) · 9 € (Preis für einen Fisch) = 27 € (Preis für 3 Fische) kosten die Fische zusammen.

**2. Schritt:** 42 € – 27 € = 15 €

Dies ist eine Möglichkeit **schriftlich abzuziehen**. Am besten rechnest du immer so, wie du es in der Schule gelernt hast!

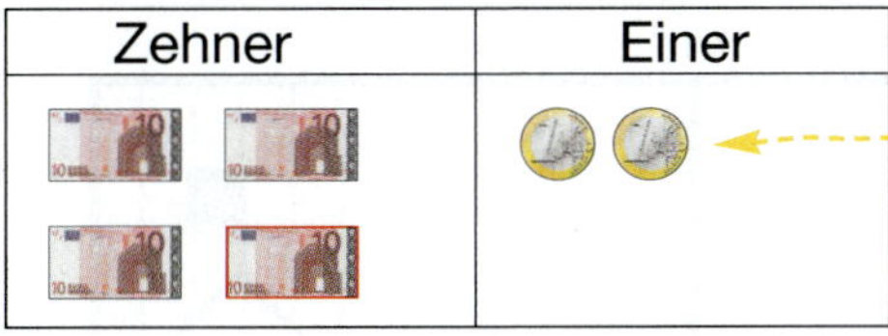


42 € – 27 € = 15 €
Von diesen 2 Einern kannst du diese 7 Einer nicht abziehen. Es geht nicht.

$$\begin{array}{r} 42 \\ -\,27 \\ \hline \end{array}$$

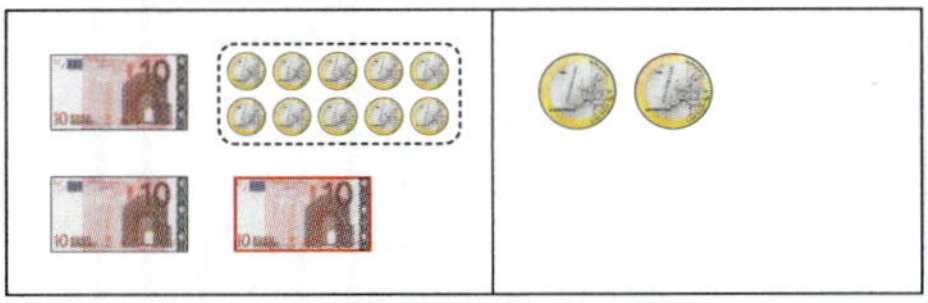

Weil du 7 Einer nicht von 2 Einern abziehen kannst, musst du 1 Zehner in 10 Einer umtauschen (wechseln).

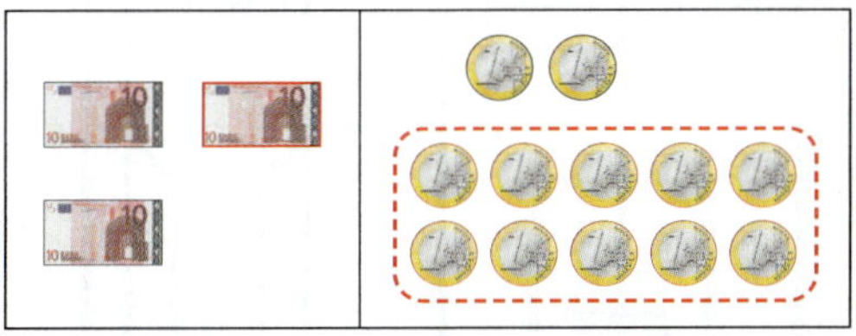

Jetzt hast du 12 Einer und nur noch 3 Zehner.
Nun kannst du rechnen:
12 E – 7 E = 5 E
3 Z – 2 Z = 1 Z

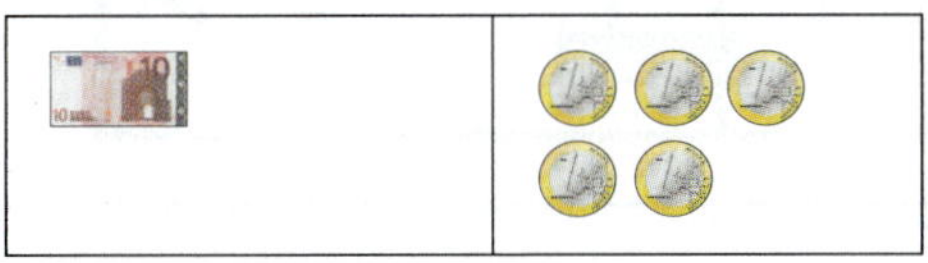

Es bleiben also 1 Zehner und 5 Einer übrig.

Natürlich musst du nicht immer so ausführlich rechnen. Schau dir deshalb die **vereinfachte Form** an:

| Z | E |
|---|---|
| ~~4~~ 3 | ~~2~~ 12 |
| – 2 | 7 |
| 1 | 5 |

$$\begin{array}{r} \not{4}^{3}\ \not{2}^{12} \\ -\,2\ \ \ 7 \\ \hline 15 \end{array}$$

**Probe:**

$$\begin{array}{r} 42 \\ -\,27 \\ \hline 15 \end{array} \qquad \begin{array}{r} 15 \\ +\,27 \\ \hline 42 \end{array}$$

**Antwort:** Lea bleiben 15 € übrig.

**59.**

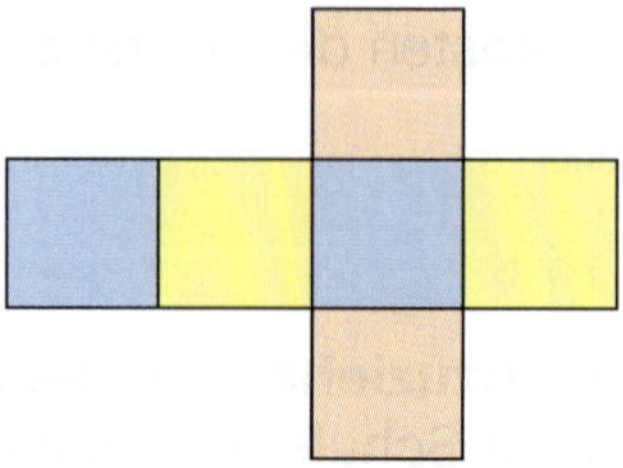

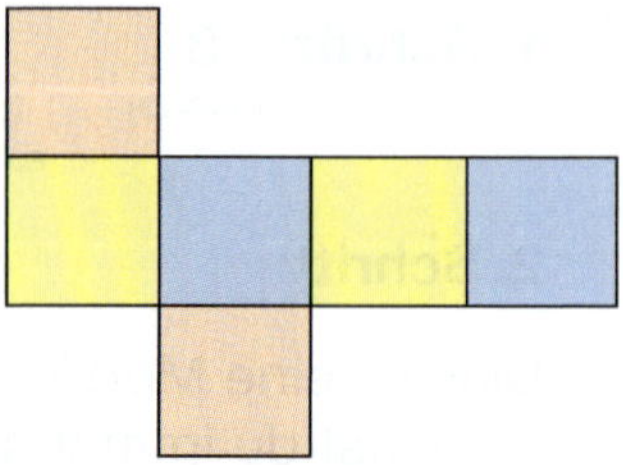

**60.**

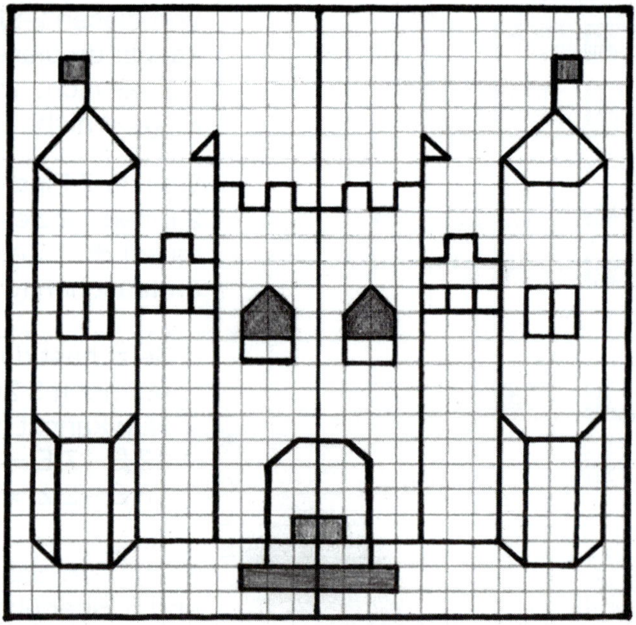

**61.**

| | |
|---|---|
| 4 · 5 – 3 = 17 | 5 · 6 – 11 = 19 |
| 3 · 8 – 4 = 20 | 7 · 7 – 11 = 38 |
| 7 · 4 – 6 = 22 | 9 · 6 – 6 = 48 |
| 5 · 8 – 5 = 35 | 8 · 4 – 7 = 25 |
| 6 · 3 – 8 = 10 | 7 · 9 – 6 = 57 |
| 3 · 9 – 8 = 19 | 8 · 8 – 9 = 55 |
| 4 · 7 – 9 = 19 | 7 · 8 – 11 = 45 |

**62.**

| | |
|---|---|
| 5 · 3 = 15 | 7 · 3 + 5 = 26 |
| 6 · 6 = 36 | 4 · 9 + 4 = 40 |
| 27 : 3 = 9 | 3 · 8 + 7 = 31 |
| 24 : 4 = 6 | 5 · 5 + 9 = 34 |
| 5 · 6 = 30 | 7 · 9 + 4 = 67 |
| 64 : 8 = 8 | 9 · 5 + 8 = 53 |
| 7 · 9 = 63 | 8 · 6 + 7 = 55 |
| 56 : 8 = 7 | 9 · 9 + 11 = 92 |

**63.**

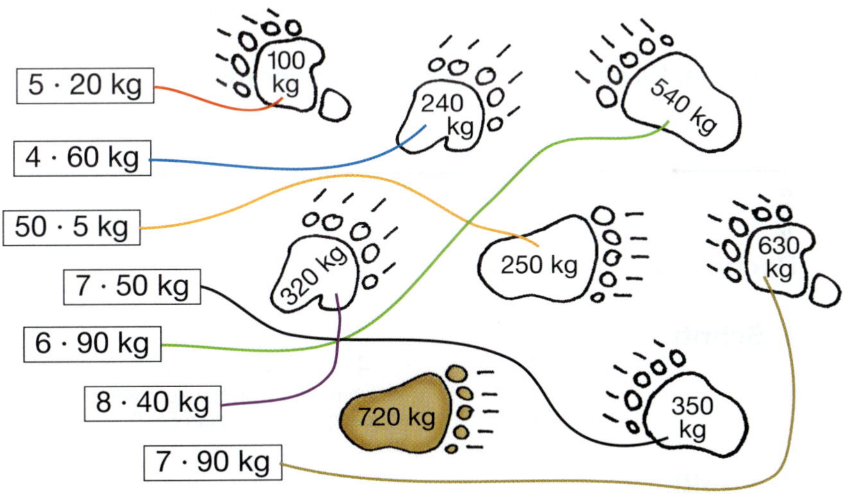


Der Kodiakbär kann 720 Kilogramm schwer werden.

## 64. Rechnung:

**1. Schritt:**

$4 + 4 + 4 + 4 + 4 + 4 + 4 + 4 = 32$

| | | | | |
|---|---|---|---|---|
| 8 | · | 4 | = | 32 |
| (Affen) | | (Bananen für **einen** Affen) | | (Bananen für 8 Affen) |

**2. Schritt:**

| | | | | |
|---|---|---|---|---|
| 40 | – | 32 | = | 8 |
| (Bananen in der Kiste) | | (Bananen für **8** Affen) | | (Bananen bleiben übrig) |

**Antwort:** Es sind noch 8 Bananen in der Kiste.

---

## 65. Rechnung:

**1. Schritt:**

| | | | | |
|---|---|---|---|---|
| 53 | – | 4 | = | 49 |
| (Ritter sind eingeladen) | | (Ritter haben abgesagt) | | (Ritter kommen zum Fest) |

**2. Schritt:**

| | | | | |
|---|---|---|---|---|
| 49 | : | 7 | = | 7 |
| (Ritter) | | (Ritter sitzen an einem Tisch) | | (Tische) |

**Antwort:** Die Hofdame muss 7 Tische decken.

---

## 66.

15 : 5 = 3

3 · 5 = 15

18 : 2 = 9

9 · 2 = 18

32 : 4 = 8

8 · 4 = 32

81 : 9 = 9

9 · 9 = 81

21 : 7 = 3

3 · 7 = 21

24 : 6 = 4

4 · 6 = 24

48 : 6 = 8

8 · 6 = 48

56 : 7 = 8

8 · 7 = 56

---

## 67.

**68.**

21
28
35
42
49
56
63
70

**69.**

27
36
45
54

**70.**

24
32
40

**71.**

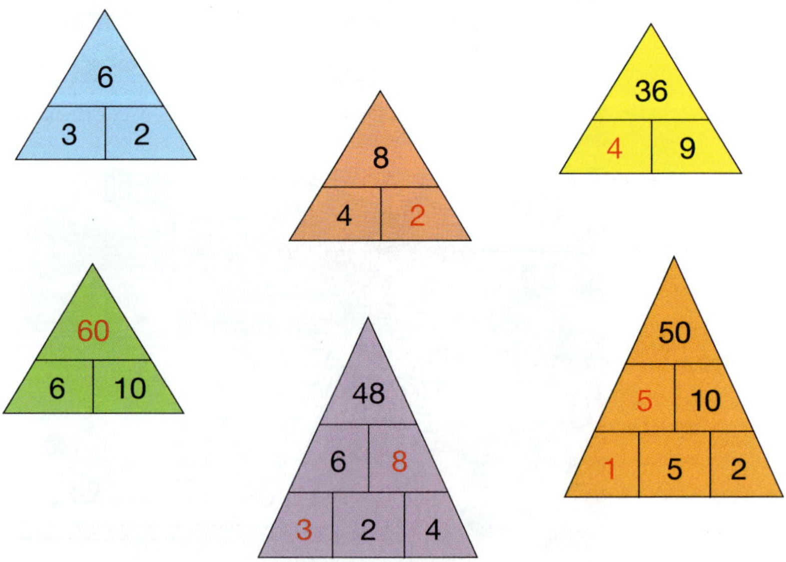
6
3 2
8
4 2
36
4 9
60
6 10
48
6 8
3 2 4
50
5 10
1 5 2

**72.** Ⓐ

Rechnung: 20 : 2 = 10

↓

10 : 5 = 2

↓

Richtig!

---

Ⓑ

Die Zahlen zwischen 30 und 40 sind:

30 31 (32) 33 34 35 (36) 37 38 39 (40)

Die rot eingekreisten Zahlen sind durch 4 teilbar.

Die blau eingekreisten Zahlen sind durch 9 teilbar.

Die Zahl (36) ist durch 4 und durch 9 teilbar.

(36 : 4 = 9, 36 : 9 = 4)

---

Ⓒ

14 $\underset{\cdot 2}{\overset{:2}{\rightleftarrows}}$ $\underset{+4}{\overset{-4}{\rightleftarrows}}$ 3

---

Ⓓ

**Die Zahlen aus dem 7er-Einmaleins sind:**

7 14 21 28 35 42 49 56 63 70

**Die Zahlen aus dem 8er-Einmaleins sind:**

8 16 24 32 40 48 56 64 72 80

Nur die Zahl 56 gehört zum 7er-Einmaleins und zum 8er-Einmaleins **und** ist größer als 55 und kleiner als 65.

**73.**

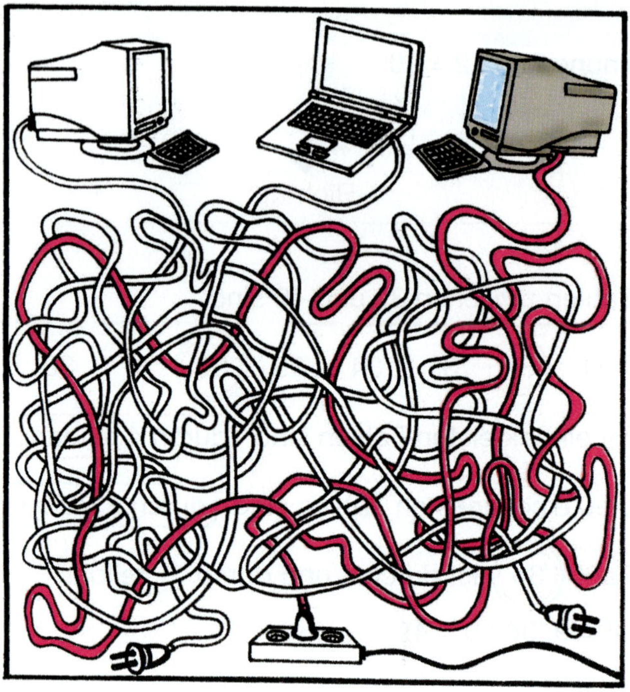

**74.**

7er-Einmaleins:

23 = 3 · 7 + 2

18 = 2 · 7 + 4

30 = 5 · 7 – 5

45 = 6 · 7 + 3

41 = 6 · 7 – 1

65 = 9 · 7 + 2

54 = 8 · 7 – 2

62 = 9 · 7 – 1

9er-Einmaleins:

20 = 2 · 9 + 2

48 = 5 · 9 + 3

39 = 5 · 9 – 6

56 = 6 · 9 + 2

68 = 7 · 9 + 5

71 = 8 · 9 – 1

87 = 9 · 9 + 6

71 = 7 · 9 + 8

**40.** Vor langer Zeit sind viele Schiffe, die mit Gold und Edelsteinen beladen waren, gesunken. Einige davon liegen noch heute auf dem Meeresgrund. Möchtest du wissen, an welchem Ort man solche Schiffe finden kann?

- **Rechne** die Aufgaben!
- **Setze** die passenden Buchstaben in die Kästchen (unten) **ein**.

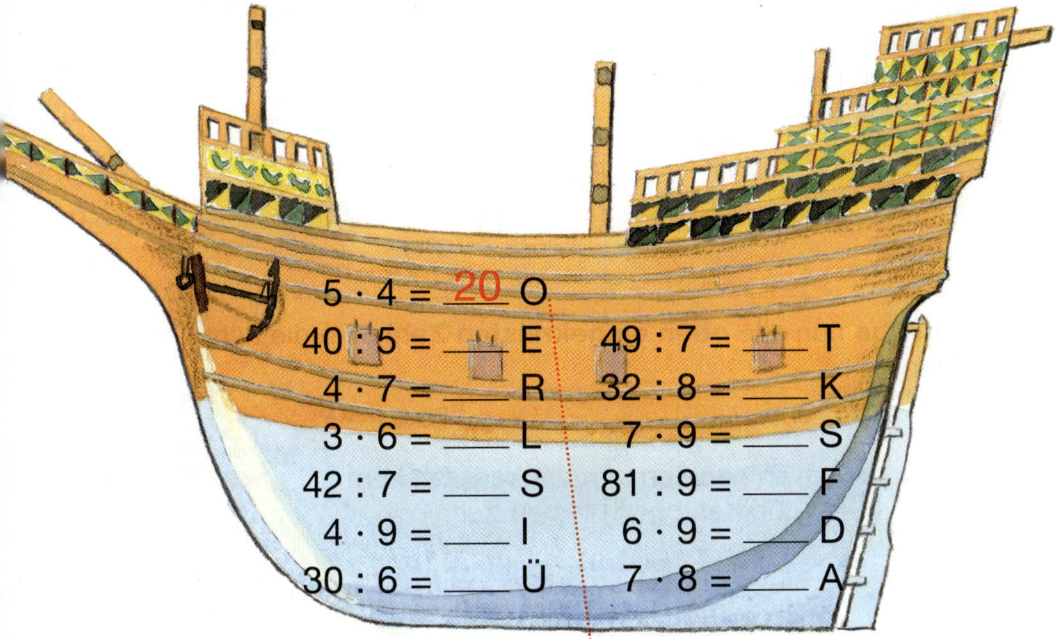

| | |
|---|---|
| $5 \cdot 4 =$ 20 O | |
| $40 : 5 =$ ___ E | $49 : 7 =$ ___ T |
| $4 \cdot 7 =$ ___ R | $32 : 8 =$ ___ K |
| $3 \cdot 6 =$ ___ L | $7 \cdot 9 =$ ___ S |
| $42 : 7 =$ ___ S | $81 : 9 =$ ___ F |
| $4 \cdot 9 =$ ___ I | $6 \cdot 9 =$ ___ D |
| $30 : 6 =$ ___ Ü | $7 \cdot 8 =$ ___ A |

Solche Schiffe findet man vor der

| | | | | | | | | | | | | |
|---|---|---|---|---|---|---|---|---|---|---|---|---|
| | | | | | | | O | | | | | |
| 4 | 5 | 6 | 7 | 8 | 9 | 18 | 20 | 28 | 36 | 54 | 56 | 63 |

# Rechenkönig

**41.** • **Löse** die Aufgaben! Wenn du alle Aufgaben richtig hast, bekommst du eine Rechenkrone! **Male** sie auf der vorletzten Seite **aus**!

Welche Zahlen sind Zahlen aus dem **3er-, 6er- oder 9er-Einmaleins**?

- **Kreise** alle Zahlen aus dem **3er-Einmaleins** (bis 30) **rot**, alle Zahlen aus dem **6er-Einmaleins** (bis 60) **grün** und alle Zahlen aus dem **9er-Einmaleins** (bis 90) **blau** ein! **Tipp:** Manche Zahlen müssen mit mehreren Farben eingekreist werden.

34 18 72 52 26 48 12

54 3 11 76 36 62 24

- **Schreibe** nun **alle oben eingekreisten Zahlen** in die richtigen Kästchen!

**Achtung:**
☺ Manche Zahlen gehören in mehrere Kästchen!
☺ Manche Kästchen bleiben frei!

| | · 3 | · 6 | · 9 |
|---|---|---|---|
| 1 | 3 | | |
| 2 | | | |
| 3 | | | |
| 4 | | | |
| 5 | | | |
| 6 | | | |
| 7 | | | |
| 8 | | | |
| 9 | | | |

# Mandala

**42.** Du darfst nun zur Entspannung ein Mandala ausmalen. Beginne am besten in der Mitte!

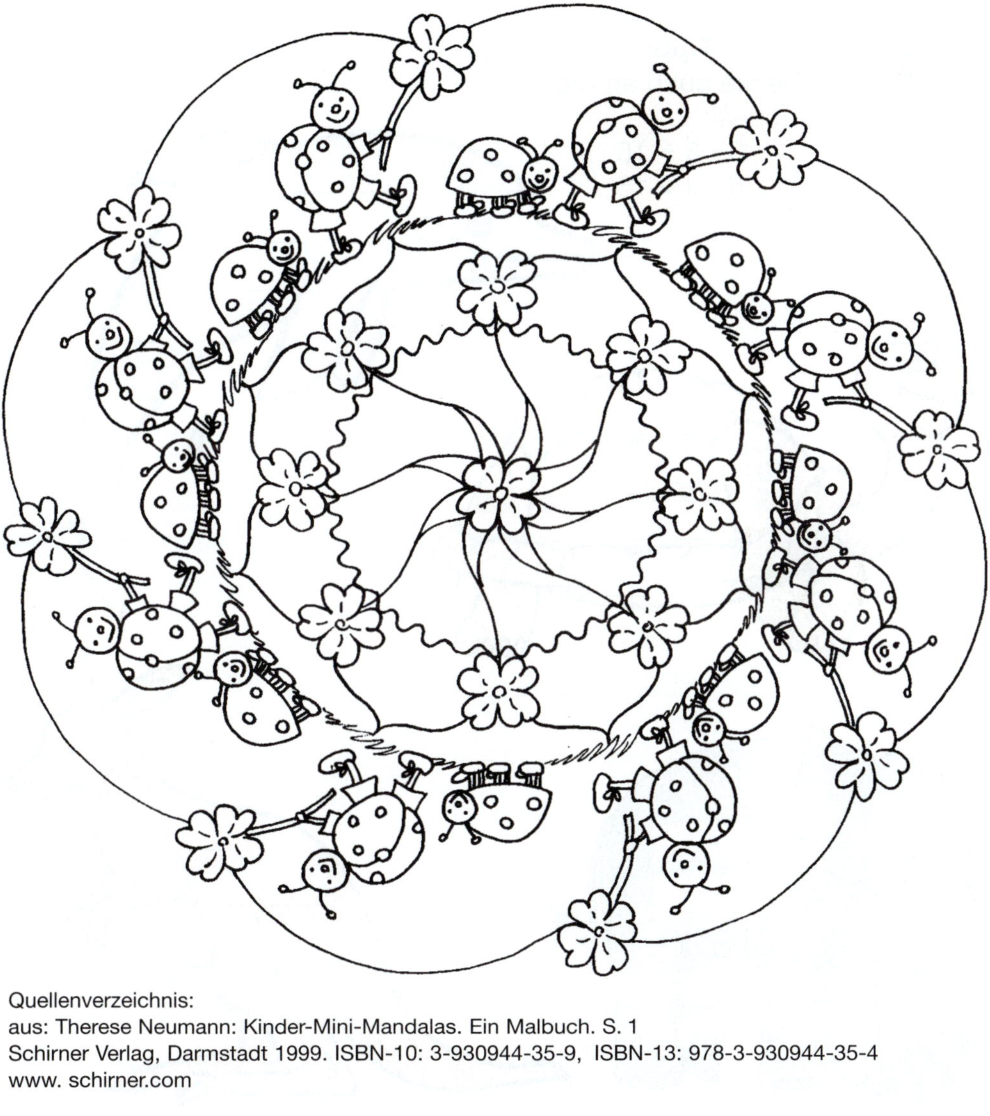

Quellenverzeichnis:
aus: Therese Neumann: Kinder-Mini-Mandalas. Ein Malbuch. S. 1
Schirner Verlag, Darmstadt 1999. ISBN-10: 3-930944-35-9, ISBN-13: 978-3-930944-35-4
www. schirner.com

# Im Zoo

**43.** Findest du alle Malaufgaben aus dem kleinen Einmaleins?

• **Schreibe** sie **auf**!

**44.** • Setze zwischen die Aufgabenpaare das Größer- (>), Kleiner- (<) oder Gleichheits- (=) Zeichen!

**Tipp:** Wenn du gar nicht weiterkommst, rechne zuerst die Aufgaben und schreibe die Ergebnisse darüber!

| | | | | | |
|---|---|---|---|---|---|
| 2 · 7 | (<) | 3 · 6 | 8 · 4 | ◯ | 7 · 5 |
| 5 · 4 | ◯ | 9 · 2 | 7 · 7 | ◯ | 6 · 8 |
| 3 · 8 | ◯ | 4 · 6 | 8 · 8 | ◯ | 9 · 7 |
| 6 · 5 | ◯ | 4 · 8 | 7 · 6 | ◯ | 9 · 5 |
| 4 · 7 | ◯ | 5 · 8 | 6 · 9 | ◯ | 8 · 7 |
| 6 · 6 | ◯ | 9 · 4 | 9 · 8 | ◯ | 10 · 7 |

# Drachen

**45.** • **Finde** die dritte Zahl und du kannst aus allen drei Zahlen eine Aufgabenfamilie bilden!

**Tipp:** Denke an die Tausch- und Umkehraufgaben!

24 | 6 | 4

6 · 4 = 24
____ · 6 = ____
____ : 6 = ____
____ : 4 = ____

35 | 7 |

7 · ____ = 35
____ · ____ = 35
____ : ____ = 5
____ : ____ = ____

| 6 | 8

____ · 8 = ____
8 · ____ = ____
____ : 6 = ____
____ : ____ = ____

63 | 9 |

____ · ____ = 63
____ · ____ = ____
____ : 9 = ____
____ : ____ = ____

# Die kleine Hexe

**46.** Oh Schreck! Die kleine Hexe Lilli hat mal wieder falsch gehext! Da sind doch jetzt wirklich einige Zahlen verschwunden. Jetzt muss Lilli rechnen. Hilfst du ihr?

- **Schreibe** die fehlenden Zahlen in die Hexenbesen!

5 · 4 = **20**

28 : ___ = 7

21 : ___ = 7

___ : 6 = 4

6 · ___ = 36

4 · 9 = ___

___ · 8 = 64

63 : 9 = ___

___ · 9 = 45

72 : ___ = 8

7 · ___ = 56

81 : ___ = 9

7 · 6 = ___

63 : ___ = 9

## *Einmaleins mit 7 und 9*

**47.** Welche Zahlen fehlen in den Glücksrädern?

- **Ergänze** die Zahlen!

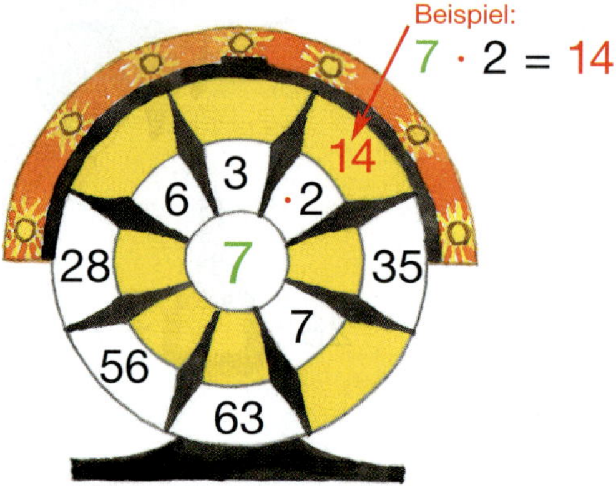

## *Einmaleins mit 6*

**48.** Welche Zahlen verstecken sich hinter den Sternen?

- **Finde** die fehlenden Zahlen!

# Verhext

**49.** Die Hexe Lara braut einen leckeren Hexenschmaus. In jedem Hexenkessel haben sich Aufgaben versteckt. Findest du sie?

- **Schreibe** alle möglichen Aufgaben auf die Zeilen unter den Hexenkesseln!

$4 \cdot 6 = 24$

# Rechenkönig

**50.** • **Löse** die Aufgaben! Wenn du alle richtig gerechnet hast, darfst du eine Rechenkrone auf der vorletzten Seite ausmalen!

• Wenn du möchtest, kannst du die Zeit stoppen.

| | |
|---|---|
| $2 \cdot 5 =$ 10 | $21 : 7 =$ ____ |
| $40 : 8 =$ ____ | $30 : 6 =$ ____ |
| $4 \cdot 4 =$ ____ | $7 \cdot 4 =$ ____ |
| $5 \cdot 6 =$ ____ | $63 : 7 =$ ____ |
| $42 : 7 =$ ____ | $9 \cdot 5 =$ ____ |
| $4 \cdot 8 =$ ____ | $7 \cdot 8 =$ ____ |
| $36 : 6 =$ ____ | $32 : 8 =$ ____ |
| $7 \cdot 5 =$ ____ | $9 \cdot 4 =$ ____ |
| $48 : 8 =$ ____ | $72 : 8 =$ ____ |
| $7 \cdot 7 =$ ____ | $9 \cdot 7 =$ ____ |
| $54 : 9 =$ ____ | $56 : 7 =$ ____ |
| $9 \cdot 9 =$ ____ | $8 \cdot 8 =$ ____ |

Ich habe ____ Minuten gerechnet!

# Im Labyrinth

**51.** Wie kommt Lukas wieder zu seinen Freunden? Hilfst du ihm, den Ausgang aus dem Labyrinth zu finden?

- **Zeichne** den Weg aus dem Labyrinth mit deiner Lieblingsfarbe **ein**!
- **Male** den Buchstaben des richtigen Weges **rot an**!

# Oh je!

**52.** Hier waren Schmierfinken am Werk.
Findest du die fehlenden Rechenzeichen **( ·, :, +, – )**?

- **Schreibe** sie mit rotem Stift auf die Tintenkleckse!

# Der Puma

**53.** Der Puma ist eine Raubkatze, die 2 Meter lang und 150 Kilogramm schwer werden kann. Wenn ein Puma aus einer Höhe von 18 Metern springt, verletzt er sich eigentlich nicht. Möchtest du wissen, wie hoch ein Puma vom Boden aus springen kann?

- **Rechne** die Kettenrechnung! Schreibe die Zwischenergebnisse in die Kästchen! Die Zahl im roten Kästchen verrät dir, wie hoch der Puma springen kann.

Ein Puma kann ______ Meter hoch springen.

# Rechen-Fitness

**54.** Werde fit im Rechnen!
Denn: Übung macht den Meister!
Wenn du Lust hast, kannst du die Zeit stoppen.
Auf die Plätze! Fertig! Los!

- **Rechne** so schnell du kannst!

: 6

| | |
|---|---|
| 18 | 3 |
| 30 | |
| 48 | |
| 36 | |
| | 9 |
| | 7 |

: 8

| | |
|---|---|
| 24 | |
| | 6 |
| 32 | |
| | 9 |
| | 7 |
| 64 | |

: 9

| | |
|---|---|
| 18 | |
| | 4 |
| 54 | |
| | 5 |
| 81 | |
| | 7 |

: 7

| | |
|---|---|
| | 4 |
| | 6 |
| 49 | |
| | 5 |
| 63 | |
| 56 | |

Ich habe ________ Minuten gebraucht!

# Flaschenpost

**55.** Findest du den Schatz auf der Burg Höllenstein? In der Flaschenpost haben die Piraten eine verschlüsselte Botschaft hinterlassen. Nur sie verrät, wo der Schatz genau versteckt ist.

- **Rechne** die Aufgaben auf der Flasche!
- **Setze** die Buchstaben (hinter den Aufgaben) richtig **ein**!

# Rechenkönig

**56.** • **Rechne** die Aufgaben! Wenn du alle Aufgaben richtig gelöst hast, bekommst du eine Rechenkrone! (vorletzte Seite) Du kannst wieder die Zeit stoppen!

| | | |
|---|---|---|
| 3 · 2 = ____ | 4 · 3 = ____ | 2 · 4 = ____ |
| 5 · 2 = ____ | 2 · 3 = ____ | 5 · 4 = ____ |
| 10 · 2 = ____ | 6 · 3 = ____ | 4 · 4 = ____ |
| 6 · 2 = ____ | 5 · 3 = ____ | 7 · 4 = ____ |
| 9 · 2 = ____ | 7 · 3 = ____ | 9 · 4 = ____ |
| 7 · 2 = ____ | 8 · 3 = ____ | 6 · 4 = ____ |
| 10 · 5 = ____ | 3 · 6 = ____ | 2 · 7 = ____ |
| 5 · 5 = ____ | 6 · 6 = ____ | 5 · 7 = ____ |
| 3 · 5 = ____ | 4 · 6 = ____ | 3 · 7 = ____ |
| 6 · 5 = ____ | 5 · 6 = ____ | 6 · 7 = ____ |
| 8 · 5 = ____ | 9 · 6 = ____ | 9 · 7 = ____ |
| 7 · 5 = ____ | 8 · 6 = ____ | 7 · 7 = ____ |
| 3 · 8 = ____ | 2 · 9 = ____ | 3 · 10 = ____ |
| 10 · 8 = ____ | 4 · 9 = ____ | 5 · 10 = ____ |
| 4 · 8 = ____ | 6 · 9 = ____ | 10 · 10 = ____ |
| 9 · 8 = ____ | 5 · 9 = ____ | 8 · 10 = ____ |
| 6 · 8 = ____ | 7 · 9 = ____ | 6 · 10 = ____ |
| 8 · 8 = ____ | 9 · 9 = ____ | 9 · 10 = ____ |

Ich habe ____ Minuten gebraucht!

# Auf dem Sportfest

**57.** Auf dem Sportfest haben drei Kinder nur Unsinn im Kopf.
Findest du sie?

- **Kreise** sie **rot ein**!

*Schriftliche Subtraktion (–)*

# Im Tiergeschäft

**58.** Lea möchte im Tiergeschäft 3 Fische kaufen. Ein Fisch kostet 9 €. Lea hat 42 € gespart.

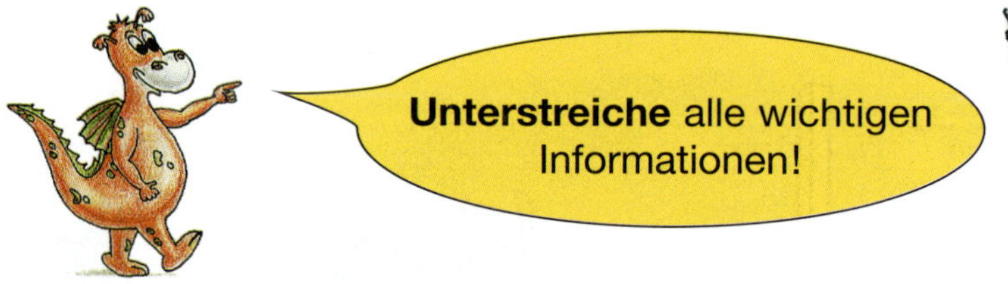


**Frage:** • Wie viel Geld bleibt Lea übrig?

**Rechnung:** 1. Schritt: ______________________________

2. Schritt: ______________________________

**Antwort:** ______________________________

______________________________

*Geometrie*

**59.** Hier sollen schöne, bunte Würfel entstehen!

• **Male** die Flächen so **an**, dass die gegenüberliegenden Seiten jeweils die gleiche Farbe haben!

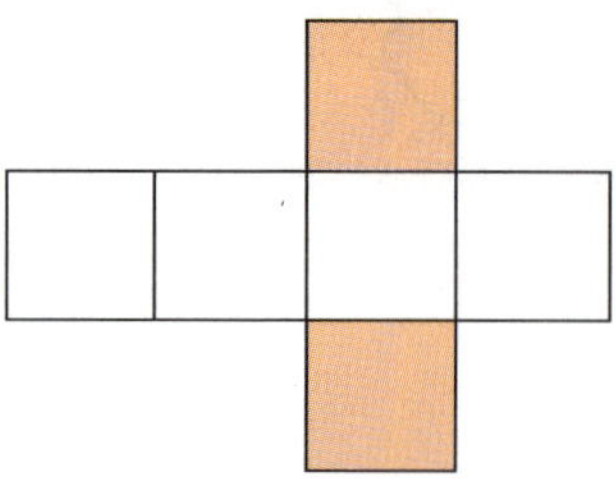

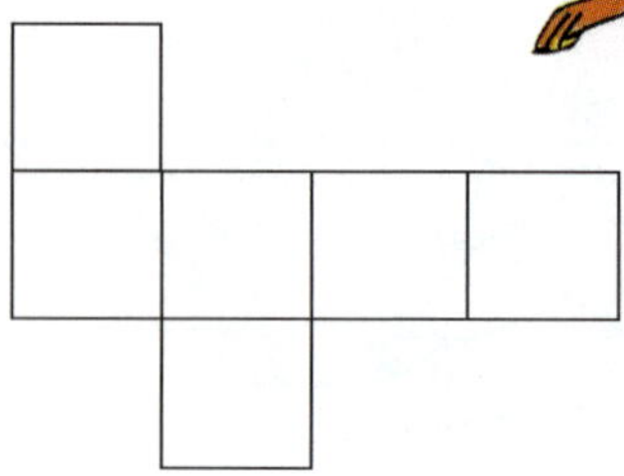

**60.** • **Ergänze** die fehlende Hälfte! Du kannst einen Spiegel zu Hilfe nehmen.
• **Stell** ihn auf die dicke Linie und **zeichne** das Bild **fertig**!

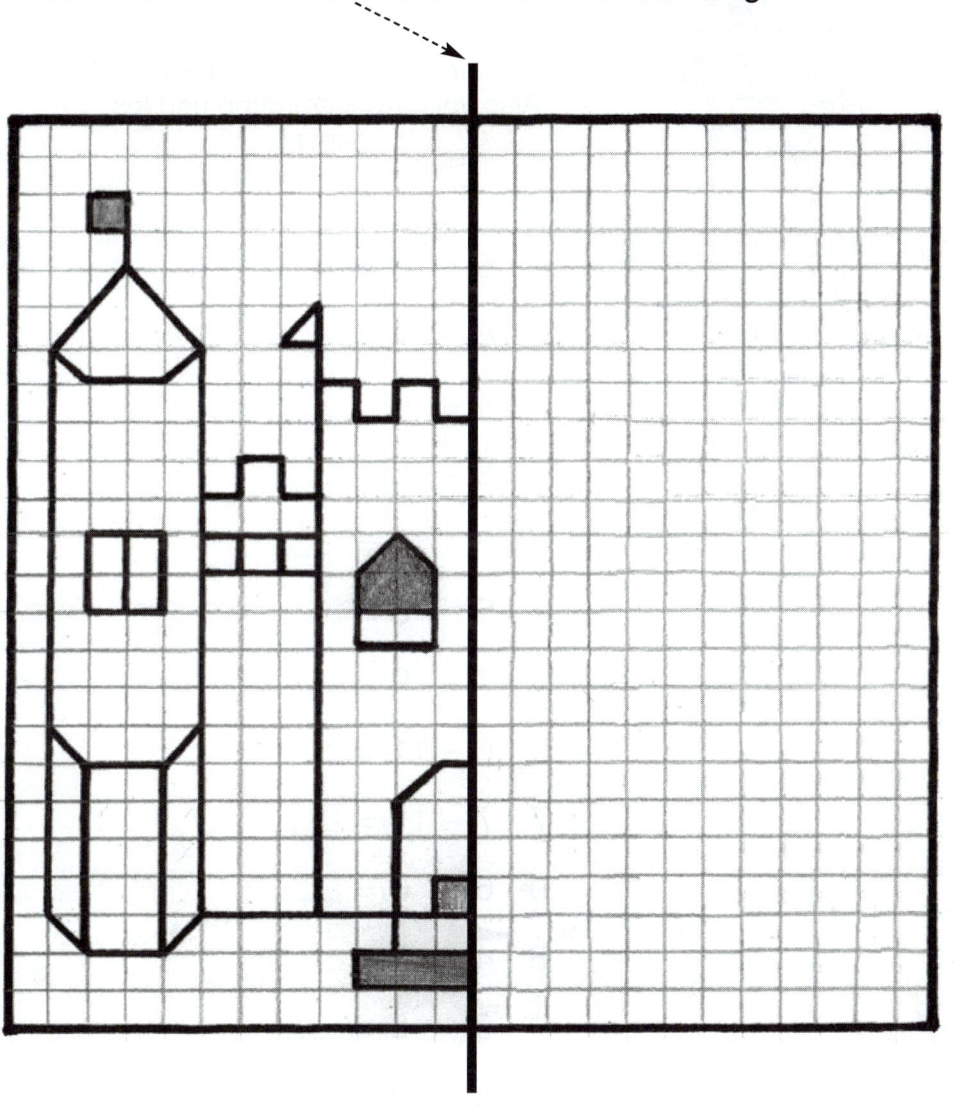

Wenn du Lust hast, kannst du das Bild ausmalen.

# Rechen-Fitness

**61.** • **Rechne** so schnell du kannst!

$4 \cdot 5 - 3 =$ 17

$3 \cdot 8 - 4 =$ ____

$7 \cdot 4 - 6 =$ ____

$5 \cdot 8 - 5 =$ ____

$6 \cdot 3 - 8 =$ ____

$3 \cdot 9 - 8 =$ ____

$4 \cdot 7 - 9 =$ ____

$5 \cdot 6 - 11 =$ ____

$7 \cdot 7 - 11 =$ ____

$9 \cdot 6 - 6 =$ ____

$8 \cdot 4 - 7 =$ ____

$7 \cdot 9 - 6 =$ ____

$8 \cdot 8 - 9 =$ ____

$7 \cdot 8 - 11 =$ ____

**62.** Und noch einmal Rechen-Fitness!

- Schaffst du es, alle Aufgaben richtig zu rechnen?

| | | | | | |
|---|---|---|---|---|---|
| 5 · 3 = 15 | 7 · 3 + ___ = 26 |
| ___ · 6 = 36 | 4 · 9 + ___ = 40 |
| 27 : ___ = 9 | 3 · 8 + ___ = 31 |
| ___ : 4 = 6 | 5 · 5 + ___ = 34 |
| 5 · ___ = 30 | 7 · 9 + ___ = 67 |
| ___ : 8 = 8 | 9 · 5 + ___ = 53 |
| 7 · ___ = 63 | 8 · 6 + ___ = 55 |
| ___ : 8 = 7 | 9 · 9 + ___ = 92 |

# Bärenstark

**63.** Der größte Bär der Erde ist der Kodiakbär aus Nordamerika. Willst du wissen, wie schwer er werden kann?

- **Verbinde** die Aufgaben mit den Ergebnissen auf den Bärentatzen. (Benutze dafür unterschieliche Farben!) Eine Tatze bleibt übrig. Sie verrät dir das Gewicht.
- **Male** sie **braun an**!

Denk dir die Null bei jeder Zahl zuerst weg und häng sie am Ergebnis wieder an!

**Beispiel:** $5 \cdot 20 =$

**Rechnung:** $5 \cdot 2 = 10$

$5 \cdot 20 = 100$

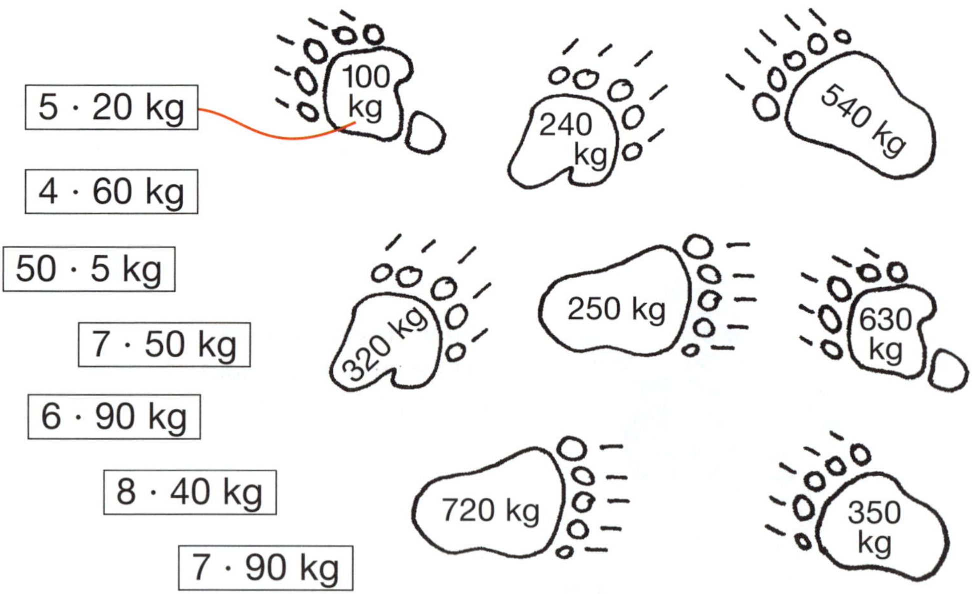


Der Kodiakbär kann _____ Kilogramm schwer werden.

# Affenfütterung

**64.** Im Zoo gibt es acht Affen. Jeder Affe bekommt am Nachmittag vier Bananen. In der Bananenkiste sind 40 Bananen.

**Frage:** • Wie viele Bananen sind nach der Affenfütterung noch in der Kiste?

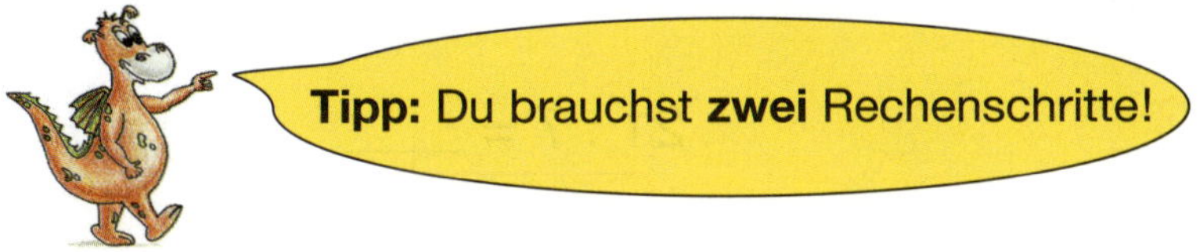


**Rechnung:** 1. Schritt: ______________________________

2. Schritt: ______________________________

**Antwort:** ______________________________

______________________________

**65.** Die Hofdame deckt die Tische für das Ritterfest. An jedem Tisch sitzen 7 Ritter. Zum Fest sind 53 Ritter eingeladen, davon haben 4 Ritter abgesagt.

**Frage:** • Wie viele Tische muss die Hofdame decken?

**Rechnung:** 1. Schritt: ______________________________

2. Schritt: ______________________________

**Antwort:** ______________________________

______________________________

# Rechenkönig

**66.** Beweise, was du schon alles gelernt hast!

- **Löse** die Aufgaben! Wenn du alle Aufgaben richtig hast, darfst du eine Rechenkrone auf der vorletzten Seite ausmalen.
- **Teile** und **kontrolliere** das Ergebnis mit der Umkehraufgabe!

15 : 5 = 3

3 · 5 = 15

21 : 7 = ____

____ · ____ = ____

18 : 2 = ____

____ · ____ = ____

24 : 6 = ____

____ · ____ = ____

32 : 4 = ____

____ · ____ = ____

48 : 6 = ____

____ · ____ = ____

81 : 9 = ____

____ · ____ = ____

56 : 7 = ____

____ · ____ = ____

# Im Freibad

**67.** Findest du die acht Unterschiede?

- **Kreise** sie auf dem **unteren** Bild ein!

# Im Zirkus

**68.** Kennst du dich im Einmaleins aus?

- **Trage** die fehlenden Zahlen aus dem 7er-Einmaleins **ein**!

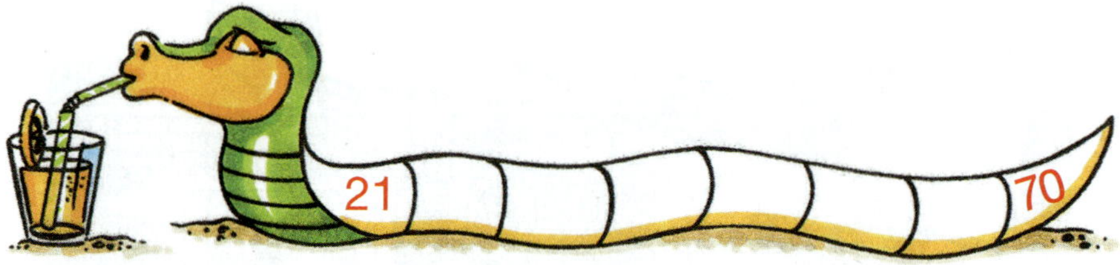


**69.** Welche Zahlen aus dem 9er-Einmaleins sind größer als 26 und kleiner als 58?

- **Trage** sie in ihrer richtigen Reihenfolge **ein**!

**70.** Welche Zahlen gibt es, die
– zwischen 17 und 42 liegen und die
– man durch 4 und 8 teilen kann?

- **Trage** sie in ihrer richtigen Reihenfolge **ein**!

# Zauberhüte

**71.** Findest du die fehlenden Zahlen in den Zauberhüten?

- **Ergänze** sie!

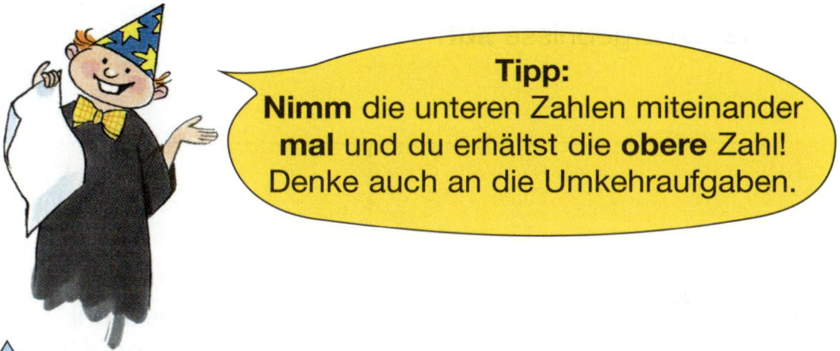


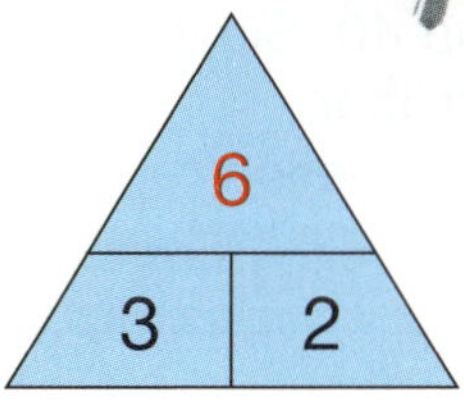


denn: $3 \cdot 2 = 6$

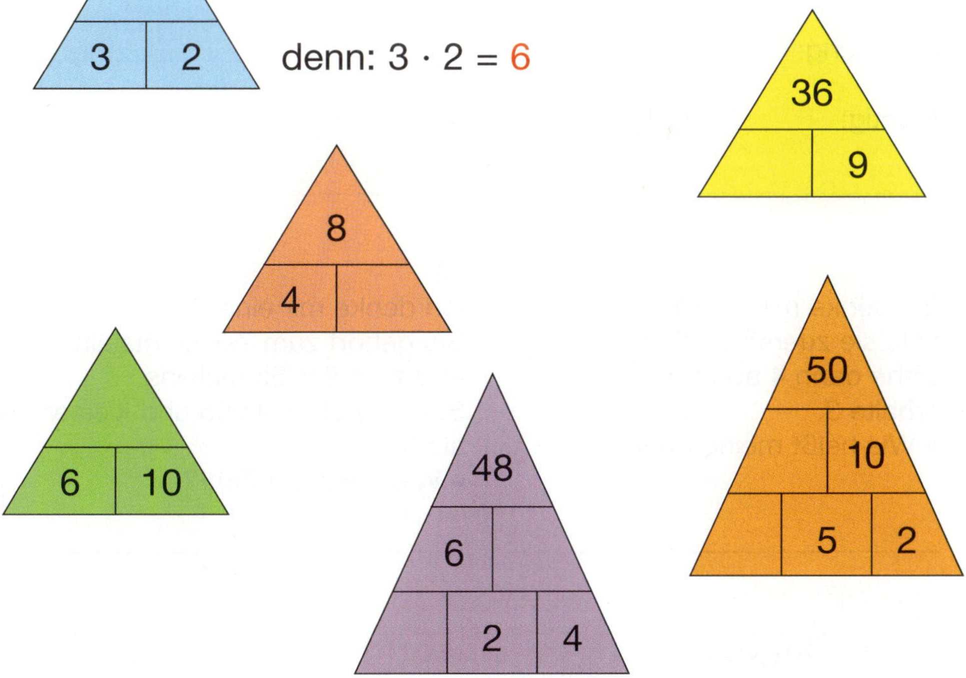

# Rechen-Fitness

**72.** Jetzt kommt eine wirklich harte Nuss!
Die knackt nur ein großer Rechenprofi.

- **Löse** die Rechenrätsel durch Probieren!
- **Schreibe** die Ergebnisse **auf**!

| | |
|---|---|
| Ⓐ Wenn ich 20 halbiere, das Ergebnis durch 5 teile, erhalte ich 2.<br>• Ist das richtig oder falsch?<br>Rechnung: ____________<br>Richtig: ______ Falsch: ______ | Ⓑ Ich suche eine Zahl zwischen 30 und 40. Sie ist durch 9 und 4 teilbar.<br>• Welche Zahl meine ich?<br>____________ |
| Ⓒ Ich denke mir eine Zahl, teile sie zuerst durch 2, ziehe dann 4 ab und erhalte 3.<br>• Wie heißt meine Zahl?<br>____________ | Ⓓ Ich denke mir eine Zahl. Sie gehört zum 7er-Einmaleins und zum 8er-Einmaleins. Sie ist größer als 55 und kleiner als 65.<br>• Wie heißt die Zahl?<br>____________ |

# Im Computergeschäft

**73.** Welcher Computer ist angeschlossen?

- **Male** ihn **an**!

# Rechenkönig

**74.** Zeige was du kannst! Bekommst du die Rechenkrone?

- **Rechne** die Aufgaben! Wenn du alles richtig gerechnet hast, erhältst du eine Rechenkrone!
- **Male** sie auf der nächsten Seite **aus**!

- **Zerlege** mit den Zahlen aus der 7er-Reihe. **Rechne** mit ·, + und –.

| | |
|---|---|
| 23 = 3 · 7 + 2 | 41 = 6 · 7 □ __ |
| 18 = 2 · 7 + __ | 65 = __ · 7 + 2 |
| 30 = 5 · 7 – __ | 54 = __ · 7 – 2 |
| 45 = 6 · 7 + __ | 62 = 9 · 7 □ __ |

- **Zerlege** mit den Zahlen aus der 9er-Reihe. **Rechne** mit ·, + und –.

| | |
|---|---|
| 20 = 2 · 9 + __ | 68 = __ · 9 + 5 |
| 48 = 5 · 9 + __ | 71 = __ · 9 – 1 |
| 39 = 5 · 9 – __ | 87 = 9 · 9 □ __ |
| 56 = 6 · 9 + __ | 71 = 7 · 9 + __ |

# Bist du ein Rechenkönig?

Hast du alle Aufgaben auf den Rechenkönig-Seiten richtig gelöst? (War eine Zeit vorgegeben? Hast du die Aufgabe in dieser Zeit gelöst?) Ja? – Dann darfst du die passende Rechenkrone ausmalen!

Aufgabe 31.

Aufgabe 56.

Aufgabe 41.

Aufgabe 66.

Aufgabe 50.

Aufgabe 74.

Ich habe _____ Rechenkronen gesammelt!

Du hast **6 oder 5** Rechenkronen gesammelt: Super! Du bist ein Rechenkönig!

Du hast **4** Rechenkronen gesammelt: Prima! Das ist eine gute Leistung!

Du hast **3 oder 2** Rechenkronen gesammelt: Schau mit deiner Mama oder deinem Papa nach, welche Aufgaben oder Einmaleinsreihen du noch nicht so gut kannst und übe diese!

Du hast **1 oder keine** Rechenkrone: Du solltest noch mehr üben! Du weißt ja: Übung macht den Meister! Schau mit deiner Mama oder deinem Papa nach, welche Aufgaben oder Einmaleinsreihen du noch nicht kannst und übe diese!

## Kleines Einmaleins

| | 1 | 2 | 3 | 4 | 5 | 6 | 7 | 8 | 9 | 10 |
|---|---|---|---|---|---|---|---|---|---|---|
| 1 | 1 | 2 | 3 | 4 | 5 | 6 | 7 | 8 | 9 | 10 |
| 2 | 2 | 4 | 6 | 8 | 10 | 12 | 14 | 16 | 18 | 20 |
| 3 | 3 | 6 | 9 | 12 | 15 | 18 | 21 | 24 | 27 | 30 |
| 4 | 4 | 8 | 12 | 16 | 20 | 24 | 28 | 32 | 36 | 40 |
| 5 | 5 | 10 | 15 | 20 | 25 | 30 | 35 | 40 | 45 | 50 |
| 6 | 6 | 12 | 18 | 24 | 30 | 36 | 42 | 48 | 54 | 60 |
| 7 | 7 | 14 | 21 | 28 | 35 | 42 | 49 | 56 | 63 | 70 |
| 8 | 8 | 16 | 24 | 32 | 40 | 48 | 56 | 64 | 72 | 80 |
| 9 | 9 | 18 | 27 | 36 | 45 | 54 | 63 | 72 | 81 | 90 |
| 10 | 10 | 20 | 30 | 40 | 50 | 60 | 70 | 80 | 90 | 100 |

# Übersicht über die Grundrechenarten

| Rechenart | Rechenausdruck | Rechen-zeichen | Beispiel |
|---|---|---|---|
| Addition | addieren,<br>zusammenzählen | + | 12 + 4 = 16<br>addieren Summe |
| Subtraktion | subtrahieren,<br>abziehen | – | 30 – 8 = 22<br>subtrahieren Differenz |
| Multiplikation | multiplizieren,<br>malnehmen | · | 12 · 4 = 48<br>multiplizieren Produkt |
| Division | dividieren,<br>teilen | : | 35 : 7 = 5<br>dividieren Quotient |
| Verdoppeln | verdoppeln,<br>das Doppelte von | · 2 | 6 · 2 = 12 |
| Halbieren | halbieren,<br>die Hälfte von | : 2 | 14 : 2 = 7 |
| Vergleich | ist gleich<br>ist kleiner als<br>ist größer als | =<br><<br>> | 3 = 3<br>5 < 6<br>6 > 5 |

**Hier noch ein paar Rechentipps:**

Die **Tauschaufgabe** hilft dir oft beim Rechnen:

Beispiel: 8 · 2 = ___

Tauschaufgabe: 2 · 8 = 16

Manche Aufgaben werden leichter, wenn du die **Umkehraufgabe** machst:

Beispiel: ___ · 7 = 56

Umkehraufgabe: 56 : 7 = 8

**Quadratzahlen/Quadrataufgaben:** 1 · 1
2 · 2
3 · 3
und so weiter

Quadratzahlen entstehen immer dann, wenn du eine Zahl mit sich selbst malnimmst.